Michael Jantzen

Transfer und Konservierung von Erfahrungswissen in Unternehmen

IGEL Verlag

Jantzen, Michael

Transfer und Konservierung von Erfahrungswissen in Unternehmen

1. Auflage 2009 | ISBN: 978-3-86815-215-9

Die Deutsche Bibliothek verzeichnet diesen Titel in der Deutschen Nationalbibliografie.
Bibliografische Daten sind unter http://dnb.ddb.de verfügbar.

IGEL Verlag

Inhaltsverzeichnis

Abkürzungsverzeichnis

CoP	Community of Practice
CoPs	Communities of Practice
IT	Informationsechnologie

Tabellenverzeichnis

Abbildungsverzeichnis

1 Einleitung

Das Adecco Institute hat innerhalb einer Studie von 2 500 Firmen festgestellt, dass Wissensmanagement den größten Einfluss auf die Innovationsfähigkeit eines Unternehmens hat.[1] Dieses Ergebnis verdeutlicht, dass die Arbeitswelt sich längst zu einer Wissensgesellschaft entwickelt hat. Die Ressource Wissen ist heute bedeutungsvoller als die Produktionsfaktoren Kapital, Boden und Arbeit der früheren Industriegesellschaft.

Grundlegend muss zwischen zwei Arten von Wissen unterschieden werden. Explizites Wissen ist in systematischer Sprache erfasst und somit kommunizier- und übertragbar. Implizites Wissen hingegen befasst sich weniger mit den Fakten als den Prozessen, welche meist nur durch Zeigen und Beobachten vermittelt werden können. Das implizite Wissen wächst aus der Erfahrung heraus und ist meist unbewusst in jedem Einzelnen vorhanden. Es kann nicht kodifiziert und etwa durch Übergabeprotokolle, E-Mails, Wikis oder im Intranet übertragen werden. Dies ist ein herausragendes Merkmal, das einzelne Mitarbeiter für Firmen so wertvoll macht. Schließlich hat dieses Erfahrungswissen entscheidenden Einfluss auf die Bildung erfolgskritischer Kompetenzen eines Unternehmens.

Aber wie kann eine Firma implizites Wissen bei Ausscheiden eines Arbeitnehmers konservieren? Anhand dieser Leitfrage bearbeitet der Autor folgende Punkte:

- Die Fluktuation von Mitarbeitern in Unternehmen, insbesondere im Hinblick auf den demografischen Wandel, und die dadurch entstehenden Auswirkungen für Firmen
- Abgrenzung des Wissensbegriffes sowie Betrachtung von implizitem Wissen und verschiedener Konzepte des Wissensmanagements
- Konservierung von Expertenwissen unter Berücksichtigung bestehender Methoden sowie Barrieren und Voraussetzungen
- Empirische Untersuchung zur Darstellung des aktuellen Standes zur Konservierung von implizitem Wissen in der Praxis

---

1 Vgl. Adecco Institute (2006), S. 18.

Die Motivation für die Themenwahl liegt in eigenen Erfahrungen des Autors begründet. So zeigte sich im Rahmen von Praktika und ehrenamtlichen Arbeiten in der Vergangenheit wiederholt, dass durch das Ausscheiden von Experten Wissen verloren geht, welches nachfolgende Mitarbeiter sich über große Zeiträume durch eigenes Erleben aneignen mussten. Dieses Erfahrungswissen bezog sich vor allem auf Kenntnisse bezüglich eines Aufbaus von Netzwerken und automatischen Abläufen.

Bis dato stützen sich Konzepte und Instrumente des Wissensmanagements hauptsächlich auf den Erhalt expliziten Wissens und damit auf die Informationstechnologie. Der Autor setzt nun den Fokus aus den oben genannten Gründen auf die Konservierung des impliziten Wissens. Nach einer Umfrage der Fraunhofer Gesellschaft sehen 89 Prozent der Unternehmen innerhalb des Wissensmanagements den höchsten Handlungsbedarf in der Sicherung von Expertenwissen.[2] Doch nur 17 Prozent der Firmen beschreiben ihre Maßnahmen zur Sicherung von Expertenwissen als sehr gut beziehungsweise gut.[3] Diese Diskrepanz verdeutlicht die Bedeutung der Problemstellung. Des Weiteren ist es Fakt, dass in den nächsten zehn Jahren rund fünf Millionen Arbeitnehmer in Pension gehen: eine Herausforderung für Unternehmen das Wissen dieser Mitarbeiter rechtzeitig zu konservieren. Und eine Herausforderung an die Forschung geeignete Methoden für diesen Prozess zu finden.

Denn nur Wissen führt schlussendlich noch zu gesellschaftlichem und unternehmerischem Erfolg.[4]

---

2 Vgl. Schnalzer/Wesoly (2005), S. 28.

3 Vgl. Finke/Will/Schnalzer (2005), S. 37.

4 Vgl. Drucker (1993), S. 69.

2 Fluktuation von Mitarbeitern

Innerhalb der Thematik von ausscheidenden Arbeitnehmern nimmt der Begriff der Mitarbeiter-Fluktuation (im Nachfolgenden Fluktuation genannt) eine bedeutende Stellung ein. Auffallend bei der Bearbeitung des Themas war, dass Fluktuation verglichen mit Wissens- oder Qualitätsmanagement keine dominante Stellung in der Literatur einzunehmen scheint. Vereinzelt taucht sie in Bezug des Personalmanagements als Messgröße auf[5] oder wird im Rahmen des Wissensmanagements als Herausforderung von Wissensverlusten angesehen[6]. Innerhalb dieser Studie wird die Fluktuation als Ausgangspunkt für die Forschungsfrage genutzt. Nach einer Betrachtung von verschiedenen Definitionen werden Fluktuationstypen sowie Gründe und Auswirkungen dargestellt.

2.1 Definition

Fluktuation ist in der Literatur eindeutig mit dem Ausscheiden eines Mitarbeiters gleichzusetzen, jedoch gibt es differente Herangehensweisen. So beinhaltet Jancik Ansatz mit dem Ausscheiden eines Mitarbeiters gleichzeitig die Ersetzung durch eine neue Arbeitskraft.[7] Fröhlichs Definition hingegen sieht in Fluktuation das „...ungeplante Ausscheiden von Mitarbeitern..."[8]. Beide Autoren betrachten die Thematik somit von Arbeitgeberseite. Nieder wiederum setzt den Fokus auf den Mitarbeiter und definiert Fluktuation als Wechsel des Arbeitnehmers von einer Position zur anderen.[9] Daraus wird nicht ganz ersichtlich, ob er damit einen Wechsel innerhalb des Unternehmens oder zu einer anderen Firma meint. Für die Problemstellung sind sowohl die Arbeitgeber- als auch die Arbeitnehmerseite von Bedeutung. Aus diesem Grund schließt sich der Autor Führings Definition an, dass unter „... Fluktuation [...] grundsätzlich alle Formen von Personalabgängen verstanden [werden], die zu einer Gefährdung der (zukünftigen) Kern- und Unterstützungsprozesse führen können"[10].

[5] Vgl. Jung (2006), S. 132; vgl. Jancik (2002), S. 141 ff.

[6] Vgl. Droschl (2003), S. 358; vgl. Mandl/Reinmann-Rothmeier (2000b), S. 160 f.

[7] Vgl. Jancik (2002), S. 141.

[8] Fröhlich (1996), S. 127.

[9] Vgl. Nieder (1999), S. 139.

[10] Führing (2006), S. 189 (im Original kursiv).

2.2 Kategorien

Fluktuation kann in verschiedene Kategorien unterteilt werden. So unterscheidet Schenkel beispielsweise zwischen aktiver und natürlicher Fluktuation. Ersteres bezieht sich auf Kündigungen sowohl durch Arbeitnehmer als auch -geber. Die natürliche Form entsteht durch volle Erwerbsminderung, Vorruhestand, Altersrente sowie Tod des Mitarbeiters und ist kaum durch Unternehmen beeinflussbar.[11] Träger stimmt mit Schenkel bei der natürlichen Fluktuation überein, beschränkt sich beim aktiven Ausscheiden jedoch allein auf die Kündigung seitens des Arbeitnehmers und umschreibt dies mit dem Begriff der Mitarbeiterfluktuation.[12] Knaese hingegen differenziert zwischen intra- (innerhalb des Unternehmens), inter- (zwischen Unternehmen) und extraorganisationaler Fluktuation (völliges Ausscheiden aus dem Erwerbsleben durch Pensionierung, Krankheit oder Tod).[13]

Darauf aufbauend wird das Ausscheiden von Mitarbeitern aus Firmen in vier Gruppen unterteilt:

1. Entlassung des Arbeitnehmers seitens des Arbeitgebers. Verantwortlich dafür sind vor allem betriebsbedingte Gründe. Arbeitsplätze werden gestrichen oder verlagert, Firmen fusionieren oder werden verkauft. Weitere Motive können aber auch unzureichende Kenntnisse beziehungsweise Fähigkeiten des Mitarbeiters oder interne Differenzen sein.
2. Beendigung des Arbeitsverhältnisses durch den Angestellten. Mögliche Ursachen sind beispielsweise Bezahlung, Betriebsklima oder Arbeitsbedingungen. Eine ausführlichere Darstellung dieser Gründe wird in Abschnitt 2.4 angeführt.
3. Berechenbares Ausscheiden durch Pensionierung.
4. Nicht-steuerbares Ausscheiden durch Tod, langfristige Krankheit oder Mutterschaftsurlaub.

---

[11] Vgl. Schenkel (2008), S. 20.

[12] Vgl. Träger, Thomas: Kennzahlen zur Fluktuation (01.05.2008). Online unter: http://www.wissens dividende.de/index.php/2008/05/01/kennzahlen-zur-fluktuation/ (Abruf: 07.08.2008).

[13] Vgl. Knaese (2004), S. 108 f.

2.3 Fluktuationsrate

Im Personalmanagement dient die Fluktuationsrate beziehungsweise -quote der Effizienz-Messung von Personalaktivitäten.[14] Diese wird als Indikator von Stabilität und insbesondere als Vergleichsinstrument mit anderen Unternehmen genutzt (zum Beispiel für Benchmarks). In der Praxis gibt es verschiedene Arten Fluktuationsraten zu berechnen. So werden in der Schlüter-Formel Abgänge in Relation zum Personalbestand am Anfang einer Periode plus die Zugänge gesetzt.[15] Allgemein bekannter und häufig genutzt ist die BDA-Formel[16], die im Folgenden als Grundlage dienen soll. In dieser werden die Abgänge in Relation zum durchschnittlichen Personalbestand gesetzt. Auszubildende, kurzfristige Angestellte und Praktikanten werden dabei meist nicht mit einbezogen.[17]

Ein allgemeingültiger Idealwert der Quote ist nicht festzumachen, vor allem weil diese regional-, national-, branchen-, unternehmens- und positionsabhängig sein kann. Lediglich Sveiby spricht bei einer Rate von unter 5 Prozent von einer statischen Situation und bei mehr als 20 Prozent von unzufriedenen Mitarbeitern.[18] Weitere verwendete Instrumente, um die Personaleffektivität zu messen, sind die Dauer der Betriebszugehörigkeit, eine Gegenüberstellung von Ein- und Austritten,[19] Mitarbeiterzufriedenheit sowie Kosten pro Angestelltem[20]. Wie wichtig die Fluktuationsrate im Unternehmensalltag ist, zeigt folgende Aussage des Konzernsprechers der Würth-Gruppe: "Die Fluktuationsrate sagt mehr über den Gesundheitszustand eines Unternehmens aus als der Krankenstand."[21] Zur Verdeutlichung dieses Zitates wird Simons Aussage, dass durch Fluktuation

---

14 Vgl. IBM (2007), S. 64.

15 Vgl. Reiß, Christian: Fluktuationsrate berechnen (02.01.2008). Online unter: http://www.personaler-online.de/typo3/fluktuation/fluktuationsrate.html (Abruf: 04.08.2008).

16 Von der Bundesvereinigung der Deutschen Arbeitgeberverbände propagiert und deshalb mit BDA abgekürzt. Vgl. Reiß, Christian: Fluktuationsrate berechnen (02.01.2008). Online unter: http://www.personaler-online.de/typo3/fluktuation/fluktuationsrate.html (Abruf: 04.08.2008).

17 Vgl. Odernmatt, Herbert: Fluktuation (28.03.2008). Online unter: http://personalblog.kaywa.com/011-p1-personalbedarfsermittlung/fluktuation.html (Abruf: 09.08.2008).

18 Vgl. Sveiby (1998), S. 238.

19 Vgl. Jancik (2002), S. 142 f.

20 Vgl. IBM (2007), S. 64.

21 Friedmann (2007), S. 19.

Know-how verloren geht, durch Krankheit eines Mitarbeiters dieses Wissen aber nur kurzfristig nicht zur Verfügung steht, angefügt.[22]

Da es verschiedene Fluktuationsquoten gibt und jedes Unternehmen für sich selbst entscheiden muss, welche sie für adäquat hält, ist ein Vergleich schwierig und Zahlen hierzu sind rar. Umfragen diesbezüglich ergeben unterschiedliche Durchschnittswerte. So finden sich beispielsweise für deutsche Unternehmen durchschnittliche Raten von 13 Prozent[23] aber auch von 7,3 Prozent[24]. Eine weitere Umfrage innerhalb Europas hat eine Rate von 10,3 Prozent ergeben.[25] Bei einer Differenzierung nach Firmengröße zeigen sich gravierende Unterschiede. Während bei mittelständischen Betrieben von einer geringeren Rate als bei großen Unternehmen gesprochen wird,[26] liegt die Quote bei Betrieben mit weniger als fünf Mitarbeitern bei 19 Prozent und mit mehr als 500 Personen bei 9 Prozent[27]. Beeindruckend scheint die Fluktuationsquote bei Hidden Champions, den so genannten heimlichen Weltmarktführern, mit 2,7 Prozent[28] – ein klares Indiz, dass eine niedrige Fluktuationsrate Erfolg verspricht.

Statistiken darüber, ob der Arbeitgeber oder -nehmer vornehmlich das Beschäftigungsverhältnis beendet, sind kaum zu finden. Dies ist vor allem darauf zurückzuführen, dass Arbeitgeber keinen Grund bei der Beendigung des Beschäftigungsverhältnisses gegenüber Institutionen, etwa der Bundesagentur für Arbeit, angeben müssen.[29] Lediglich bei einer Umfrage der Hans Böckler Stiftung (2001) wurden diesbezüglich Daten erhoben. Demnach sind 32 Prozent der Kündigungen vom Arbeitgeber, 38 Prozent vom Arbeitnehmer ausgegangen. Bei 20 Prozent handelte es sich

---

22 Vgl. Simon (2008), S. 2.

23 Vgl. Schenkel (2008), S. 20.

24 Vgl. Simon (2008), S. 2.

25 Vgl. Weber, Marion: Kienbaum-Studie „Handels- und Konsumgüterunternehmen 2007" (30.10.2007). Online unter http://www3.kienbaum.de/cms/at/presse/pressemitteilungen/pressemitteilung_detail.cfm? Datum=2007&ObjectID=5718BA10-C2C6-4FFA-BBA890518160B60B (Abruf: 05.08.2008).

26 Vgl. Bertelsmann Stiftung (2002), S. 22.

27 Vgl. Schenkel (2008), S. 20.

28 Vgl. Simon (2008), S. 2. Zu Hidden Champions siehe Simon (2007).

29 Vgl. Telefonisches Interview mit Frau Christiane Spies vom Institut für Arbeitsmarkt- und Berufsforschung, Bereich Öffentlichkeitsarbeit, am 08.08.2008.

um einen befristeten Vertrag, in zehn Prozent der Fälle wurde ein Aufhebungsvertrag vereinbart.[30]

2.4 Gründe

Wie in 2.2 erwähnt, folgt nun eine ausführlichere Darstellung der Faktoren, die Mitarbeiter dazu bewegen ein Unternehmen zu verlassen. Eine Umfrage des Marktforschungsinstitutes IFAK mit 664 Arbeitnehmern Ende 2006 zeigt, dass folgende Gründe Arbeitnehmer zum Austritt bewegen:

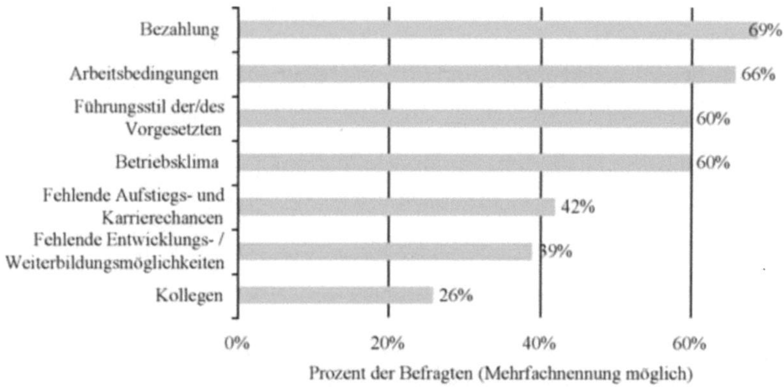

Abbildung 1: Austritts-Faktoren von Arbeitnehmern[31]

Die Darstellung verdeutlicht, dass vor allem die nicht angemessene Bezahlung, schlechte Arbeitsbedingungen (wie zum Beispiel Arbeitszeiten) sowie das Betriebsklima (etwa die Unternehmenskultur) ausschlaggebend für eine Kündigung seitens der Mitarbeiter sind. Gründe, die hier keine Erwähnung finden, aber vom Autor ebenfalls als relevant erachtet werden: verbesserte Work-Life-Balance (beinhaltet beispielsweise auch

[30] Vgl. HBS (2003), S. 7 f. Befragt wurden 2 400 Personen, die kurz zuvor aus einem Unternehmen ausgeschieden sind. Ausscheiden aufgrund von Ruhestand und Mutterschaft wurden nicht berücksichtigt.

[31] Eigene Darstellung. Daten aus o.V.: Bei Unzufriedenheit mit Vorgesetzten: Kündigung (13.02.2007). Online unter: http://www.ifak.com/de/news/bei-unzufriedenheit-mit-vorgesetzten-k-ndigung.html (Abruf: 05.08.2008).

die Möglichkeit eines Sabbaticals), Mobbing, Belastung[32] sowie die Suche nach einer neuen Herausforderung[33].

Des Weiteren zeigt sich, dass Mitarbeiter zunehmend mehr auf die eigene Karriere fokussiert sind als einem Unternehmen treu zu sein. So behaupten Berater von der Boston Consulting Group, dass Mitarbeiter, die jetzt in den 40ern sind, wahrscheinlich drei bis sechs Arbeitgeber bis zur Pensionierung haben werden. Die nachfolgende Generation wird ihrer Meinung nach zwölf oder mehr Arbeitgeber durchlaufen.[34] Untermauert wird dies durch eine Umfrage, die besagt, dass nur 31 Prozent der Arbeitnehmer uneingeschränkt zustimmen können, in einem Jahr noch im gleichen Unternehmen tätig zu sein.[35] Des Weiteren wird angemerkt, dass 20 bis 30 Prozent der Führungskräfte mindestens einmal pro Jahr ein neues Jobangebot von einem anderen Unternehmen oder einem Headhunter erhalten.[36] In diesem Zusammenhang ist es interessant einen Blick auf die emotionale Bindung von Mitarbeitern an ihr Unternehmen zu richten. Im Zuge der Gallup-Umfrage (2006) zur Loyalität von Arbeitnehmern verfügen 19 Prozent der Angestellten über keine emotionale Bindung zu ihrem Arbeitgeber, sprich, sie haben innerlich gekündigt. 68 Prozent machen ihre Arbeit nach Vorschrift, und lediglich 13 Prozent weisen eine hohe Bindung auf und können als Wert schaffende Mitarbeiter betrachtet werden.[37] Dies spiegelt auch eine Umfrage aus dem Frühjahr 2008 von 2 000 Arbeitnehmern wieder. Demnach sind nur 12 Prozent voll motiviert und 24 Prozent haben bereits innerlich gekündigt.[38]

---

32 Vgl. Odernmatt, Herbert: Fluktuation (28.03.2008). Online unter: http://personalblog.kaywa.com/011-p1-personalbedarfsermittlung/fluktuation.html (Abruf: 09.08.2008).

33 Vgl. Jancik (2002), S. 141.

34 Vgl. Caye/Marten (2007), S. 1 f.

35 Vgl. o.V.: Motivation und Engagement am Arbeitsplatz sinken (10.06.2008). Online unter http://www. ifak.com/de/news/motivation-und-engagement-am-arbeitsplatz-sinken.html (Abruf: 05.08.2008).

36 Vgl. Caye/Marten (2007), S. 2.

37 Vgl. Geißler (2006), S. 8 f.

38 Vgl. o.V.: Motivation und Engagement am Arbeitsplatz sinken (10.06.2008). Online unter http://www.ifak.com/de/news/motivation-und-engagement-am-arbeitsplatz-sinken.html (Abruf: 05.08.2008).

2.5 Auswirkungen

Das Ausscheiden von Mitarbeitern bringt verschiedene Auswirkungen mit sich. Eine der größten Herauforderungen für Unternehmen ist der Verlust impliziten Wissens, besonders bei erfahrenen Mitarbeitern. Des Weiteren kann es vorkommen, dass ein Mitarbeiter nach einer Kündigung nicht mehr die gewohnte Leistung bringt. Relativ kurze Kündigungsfristen führen außerdem dazu, dass die Zeit einen Nachfolger zu finden sehr begrenzt ist, zumal der Ausscheidende eventuell eine große Anzahl an Resturlaubstagen hat. Folglich wird die Arbeit dann auf Kollegen delegiert oder vorübergehend nicht erledigt. Falls die Stelle neu besetzt wird, sind Rekrutierungskosten zu beachten. Außerdem fallen Einarbeitungskosten in Form von Zeit an, die beachtet werden sollten.[39] Folgende Aussage vom Geschäftsführer des VDI Wissensforums verdeutlicht dies: „Der Aufwand, einen Mitarbeiter durch Förderung im Unternehmen zu halten, ist wesentlich geringer, als einen neuen zu gewinnen und einzuarbeiten."[40]

Firmen sollten demnach versuchen ihre Mitarbeiter zu binden und zu fördern. Da sich der Autor dieser Studie auf die Konservierung von implizitem Wissen und nicht auf den Erhalt von Mitarbeitern konzentriert, wird auf das weite Spektrum des so genannten Retention Managements nicht explizit eingegangen. Später wird sich aber herausstellen, dass für den Transfer von implizitem Wissen ähnliche Voraussetzungen geschaffen werden müssen, wie für die Bindung eines Mitarbeiters. Kurz gesagt, sollten sich Unternehmen mit den Gründen von Kündigungen seitens des Arbeitnehmers befassen und Lösungen darauf finden, wie diesen entgegengewirkt werden kann.

2.6 Fluktuation durch den demografischen Wandel

Besonders wichtig erscheint das Thema der Konservierung von implizitem Wissen im Hinblick auf den demografischen Wandel und das Ausscheiden von vielen hochqualifizierten Arbeitskräften durch Pensionie-

---

39 Vgl. Reiß, Christian: Kosten der Fluktuation (02.01.2008). Online unter: http://www.personaler-online.de/typo3/fluktuation/kosten-der-fluktuation.html (Abruf: 04.08.2008).

40 Taubitz, Timo in Sasse, Caesar: 5 Prozent der Arbeitszeit für Weiterbildung! (20.03.2008) Online unter http://www.vdi.de/6390.0.html?&no_cache=1&tx_ttnews[pointer]=2&tx_ttnews[tt_news]=45177&tx_ttnews[backPid]=6383&cHash=6b9a6305b5 (Abruf: 08.07.2008).

rung in den nächsten Jahren. Nach einem kurzen Überblick über die demografische Situation wird auf die Auswirkungen des demografischen Wandels in Unternehmen sowie die Charakterisierung der älteren Mitarbeiter eingegangen.

2.6.1 Demografischer Wandel

Der demografische Wandel beschreibt die steigende Anzahl Älterer an der Gesamtbevölkerung und den abnehmenden Anteil Jüngerer. Dieser ergibt sich aus einer steigenden Lebenserwartung und aus einer auf niedrigem Niveau stagnierenden Geburtenrate, die sogar unter der Sterberate liegt.[41] Der demografische Wandel wird in Zukunft zu einer großen Herausforderung für jeden Einzelnen, die Wirtschaft, die Politik und die Gesellschaft.[42] In Deutschland wird die Bevölkerungszahl in Deutschland bis zum Jahr 2050 nach Berechnungen des Statistischen Bundesamtes von heute 82,7 Millionen auf 68,7 bis 74 Millionen im Jahr 2050 zurückgehen.[43] Eine Abnahme der Bevölkerungszahlen ist nicht unbedingt negativ zu bewerten. Problematisch wird es jedoch für die Volkswirtschaft, wenn, wie in Abbildung 2 gezeigt, die Anzahl der älteren Menschen sich vergrößert und die Basis der Jüngeren abnimmt.

41 Vgl. Deutscher Bundestag (2002), S. 12 ff.

42 Vgl. Deutscher Bundestag (2002), S. 12. Siehe auch Adecco Institute (2006), S. 2 f.

43 Vgl. Statistisches Bundesamt (2006), S. 33 f. Zahlen entstehen unter Annahme einer fast konstanten Geburtenhäufigkeit, eines moderaten Anstiegs der Lebenserwartung und eines Wanderungssaldos von 100 000 beziehungsweise 200 000 Personen.

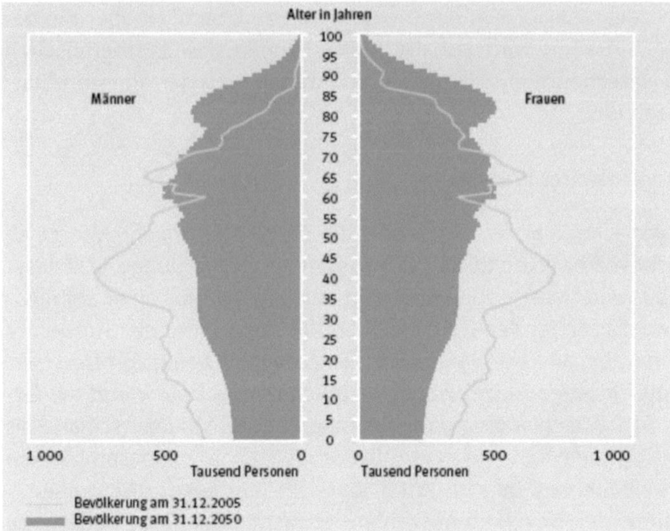

Abbildung 2: Altersaufbau der Bevölkerung in Deutschland[44]

Im Zusammenhang mit dem Arbeitsmarkt ist die Anzahl der Erwerbstätigen[45] ein weiterer wichtiger Faktor. Um die Veränderungen und Herausforderungen für Unternehmen zu verdeutlichen, werden in Abbildung 3 die Erwerbstätigen der Altersklassen 55-60 Jahre, 60-65 Jahre sowie 65 Jahre und älter dargestellt. Aus der Darstellung geht hervor, dass sich die Zahl der Erwerbstätigen im höheren Alter in den letzten Jahren kontinuierlich vergrößert hat. Gab es in Deutschland im Jahr 2003 noch 4,58 Millionen Erwerbstätige im Alter von 55 und mehr Jahren, sind es 2007 schon 5,57 Millionen (ein Anstieg von 21 Prozent). Diese Gruppe wird zum größten Teil in den nächsten zehn Jahren in Rente gehen. Die geburtenstarken Jahrgänge, die heute 40-jährigen, werden die Anzahl der älteren Mitarbeiter in den nächsten Jahren weiter vergrößern (siehe auch Abbildung 2).

---

[44] Bundesinstitut für Bevölkerungsforschung (2008), S. 18.

[45] Personen, die als Arbeitnehmer oder Selbstständiger eine Tätigkeit ausführen.

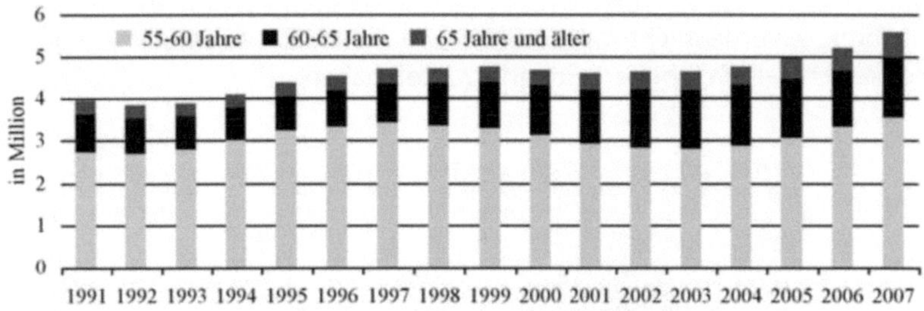

Abbildung 3: Erwerbstätige der älteren Altersklassen in Deutschland von 1991 bis 2007[46]

Die Anzahl der älteren Erwerbstätigen nimmt nicht nur in der Summe sondern auch im Prozentsatz zu. So hat sich die Erwerbsquote[47] in Deutschland in der Altersklasse 55 bis 64 Jahre von 37,6 Prozent im Jahr 2000 auf 51,5 Prozent im Jahr 2007 erhöht.[48] Der Anstieg an Erwerbstätigen ist vor allem auch darauf zurückzuführen, dass heute ein deutlich höherer Anteil dieser Gruppe arbeitet. Im Vergleich mit anderen europäischen Ländern liegt die Erwerbsquote Deutschlands im Mittelfeld.

---

46 Eigene Darstellung. Daten aus E-Mail von Frau Margrit Thiele vom Statistischen Bundesamt am 08.08.2008.

47 Anteil der Erwerbstätigen der Gesamtbevölkerung der Altersklasse.

48 Vgl. EUROSTAT: Beschäftigungsquote älterer Arbeitnehmer (ohne Erstelldatum). Online unter: http://epp.eurostat.ec.europa.eu/portal/page?_pageid=1996,39140985&_dad=portal&_schema=PORTAL&screen=detailref&language=de&product=REF_TB_labour_market&root=REF_TB_labour_market/t_labour/t_employ/t_lfsi/t_lfsi_emp/tsdde100 (Abruf: 08.08.2008).

Abbildung 4 verdeutlicht, dass Länder wie Island, Schweden, Norwegen und die Schweiz weit höhere Erwerbsquoten haben.

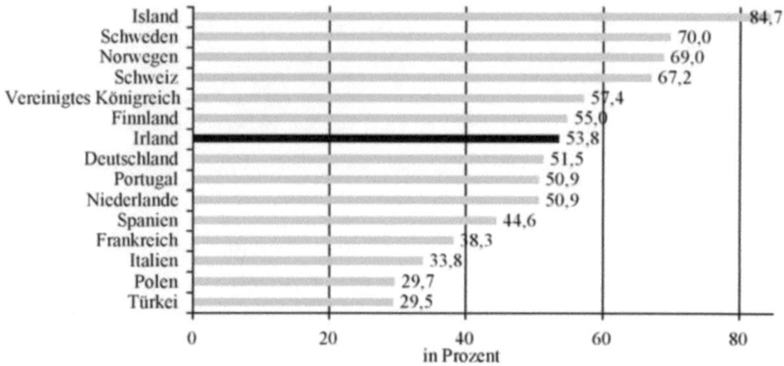

Abbildung 4: Erwerbsquote älterer Arbeiter (55-64 Jahre) ausgewählter europäischer Länder 2007[49]

2.6.2 Auswirkungen für Unternehmen

Die aufgezeichnete demografische Entwicklung hat für Firmen drei bedeutende Auswirkungen. Erstens wird es immer mehr ältere Mitarbeiter geben, wodurch das Durchschnittsalter der Belegschaft erhöht wird. Zusätzlich verstärkt wird dies durch die Anhebung des Renteneintrittsalters auf 67 Jahre (siehe 2.6.4). Zweitens wird sich der Wettbewerb um Nachwuchs steigern und der Fachkräftemangel verhärten. Drittens, und für die Problemstellung des Autors von erheblicher Bedeutung, wird eine große Anzahl von älteren Mitarbeitern in den nächsten Jahren aus Unternehmen ausscheiden. Viele dieser Arbeitnehmer sind Hochqualifizierte mit immensem Erfahrungswissen, welches droht, verloren zu gehen. Neben der Entwicklung von Organisationsmodellen, die sich an die älteren Belegschaften anpassen, ist vor allem die Sicherung des Wissens erfahrener und bald ausscheidender Mitarbeiter von höchster Priorität. Abbildung 5 verdeutlicht die Menge von älteren Mitarbeitern in Firmen exemplarisch am Beispiel von ABB Deutschland. Bis 2016 verlassen 19 Prozent und bis 2026 sogar 53 Prozent der Mitarbeiter das Unternehmen.

---

[49] Eigene Darstellung. Daten von EUROSTAT: Beschäftigungsquote älterer Arbeitnehmer (ohne Erstelldatum). Online unter: http://epp.eurostat.ec.europa.eu/portal/page?_pageid=1996,39140985&_dad=portal&_schema=PORTAL&screen=detailref&language=de&product=REF_TB_labour_market&root=REF_TB_labour_market/t_labour/t_employ/t_lfsi/t_lfsi_emp/tsdde100 (Abruf: 08.08.2008).

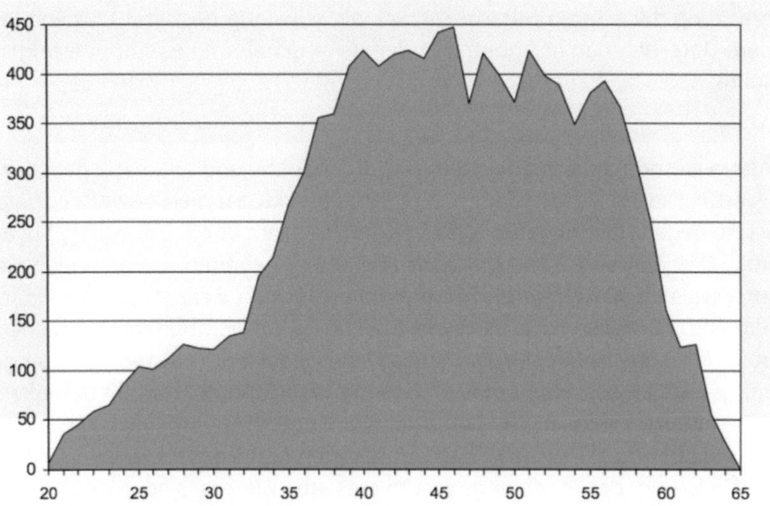

Abbildung 5: Altersstruktur bei ABB Deutschland[50]

2.6.3 Charakterisierung der älteren Mitarbeiter

Ein Großteil von Mitarbeitern scheidet in den nächsten Jahren aufgrund des Alters aus. Nachfolgend wird die Gruppe der älteren Mitarbeiter näher betrachtet, weil diese über enormes implizites Wissen verfügen, welches für Unternehmen erfolgsrelevant ist und somit bewahrt werden soll. Erste Probleme treten auf, wenn versucht wird, ältere Mitarbeiter zu definieren. Es ist schwierig das Alter einer Person allein am kalendarischen Alter festzumachen, weil es unter anderem durch kulturelle, familiäre, berufliche, und positionsbezogene Faktoren beeinflusst werden kann. Eine Betrachtung ist somit sehr subjektiv.[51] In einer Veröffentlichung der OECD im Zusammenhang mit Beschäftigungspolitik werden ältere Arbeitskräfte als Personen ab dem 50. Lebensjahr angesehen. Es wird aber darauf hingewiesen, dass dies nicht als starre Grenze anzusehen ist, sondern nur der Orientierung dienen soll.[52] Die Bundesagentur für Arbeit definiert ältere Arbeitnehmer als Personen ab 45 Jahre[53], das Institut für Arbeitsmarkt und Berufsforschung sieht eine fließende Grenze zwischen

50 Smits (2007), S. 8.
51 Vgl. Heimbrock/Gärtner (2007), S. 42 ff.
52 Vgl. OECD/Prinz (2005), S. 3.
53 Vgl. Heimbrock/Gärtner (2007), S. 43.

dem 45. und dem 55. Lebensjahr[54]. Es zeigt sich, dass eine genaue Abgrenzung der älteren Mitarbeiter sich als schwierig gestaltet und von jedem Unternehmen in Anbetracht der zuvor genannten Faktoren erfolgen sollte.

Ältere werden als krankheitsanfällig, unproduktiv und unkreativ pauschalisiert.[55] Diesen Vorurteilen wird entgegenwirkt. Studien beweisen, dass ältere gegenüber jüngeren Mitarbeitern vor allem durch Erfahrung, Loyalität, Disziplin und Zuverlässigkeit überzeugen können. Dafür zeigen sie im Vergleich mit jüngeren Arbeitnehmern in den Bereichen Flexibilität, aktuelles Fachwissen, gesundheitliche Fitness sowie Mobilität Schwächen auf.[56] Mit zunehmendem Alter steigert sich jedoch die Leistung des Langzeitgedächtnisses, die Lebens- und Berufserfahrung, Konfliktfähigkeit sowie Menschenkenntnis. Das implizite Gedächtnis scheint sogar „vergessensresistent"[57] zu sein. Auf der anderen Seite nimmt mit dem Alter die Leistung des Kurzzeitgedächtnisses ab. Zudem sind Risikobereitschaft, Informationsaufnahme und -verarbeitung sowie Lernbereitschaft geringer.[58]

2.6.4 Gesetzliche Entwicklungen

Gesetzliche Entwicklungen hatten und werden einen substanziellen Einfluss, negativ wie positiv, auf die Auswirkungen des demografischen Wandels haben. So hat beispielsweise die Frühverrentung, die Mitte der 80er Jahre als Instrument zur Arbeitsmarktentlastung eingeführt wurde, ein vorzeitiges Ausscheiden aus Unternehmen ermöglicht.[59] Mit der Altersteilzeit wollte die Regierung 1996 diesem Trend entgegensteuern und einen gleitenden Übergang in den Ruhestand erleichtern.[60] Aber auch dies resultierte in einem vorzeitigen Ausscheiden von Mitarbeitern. Der Wunsch nach einer frühen Pensionierung ist klar auszumachen.[61] Um die-

---

54 Vgl. Heimbrock/Gärtner (2007), S. 47.

55 Vgl. Bundesanstalt für Arbeitsschutz und Arbeitsmedizin (2008), S. 9 f.

56 Vgl. Capgemini (2007), S. 14; vgl. Institut für Arbeitsmarkt- und Berufsforschung (2003) S. 62.

57 Schanz (2006), S. 42.

58 Vgl. Schmidt (2004), S. 57. Zur Lernbereitschaft siehe North (2007), S. 19.

59 Vgl. Bertelsmann Stiftung (2002), S. 4.

60 Vgl. OECD/Prinz (2005), S. 56.

61 Vgl. Jürgen Kocka beim Vortag „Deutschland altert, Deutschland schrumpft" der Körber-Stiftung am 14.02.2008 in Hamburg. Als Podcast online unter

sem Trend entgegenzuwirken, hat die Bundesregierung beschlossen, die staatliche Förderung der Altersteilzeit Ende 2009 zu beenden. Zudem wurde die stufenweise Anhebung des gesetzlichen Renteneintrittsalters auf 67 Jahre ab dem Jahr 2012 beschlossen.[62] 2029 wird dann erstmals ein Arbeitnehmer in diesem Alter pensioniert.[63] Mitarbeiter werden somit länger in Unternehmen arbeiten. Zudem wird sich die Erwerbsquote der älteren Mitarbeiter deutlich erhöhen, was wiederum dem Arbeitskräftemangel entgegenwirkt.

2.7 Bewertung des Fluktuationsrisikos

Nachdem das Feld der Fluktuation betrachtet und verschiedene Gründe für ein Ausscheiden dargestellt wurden, wird nachfolgend gezeigt, inwiefern das Fluktuationsrisiko für Unternehmen kalkulierbar ist. Dies wird insbesondere bei Mitarbeitern, die über erfolgsrelevantes Wissen verfügen, von Bedeutung sein. Ein demografisch bedingtes Ausscheiden von Arbeitnehmern ist leicht abschätzbar. Unternehmen können ableiten, welche Mitarbeiter aufgrund ihres Alters in den nächsten Jahren in Rente gehen werden. Dies ist bei Gründen wie Tod kaum sowie bei anhaltender Krankheit und Schwangerschaft oft nur bedingt möglich. Arbeitnehmerinitiiertes Ausscheiden kann nach Auffassung des Autors abgeschätzt und vor allem entgegengesteuert werden. In Kapitel 2.4 wurden bereits Gründe, die am häufigsten zur Fluktuation führen, beschrieben. Firmen haben die Möglichkeit auf diese Einfluss zu nehmen und dem Angestellten eine 'Wohlfühl-Umgebung' zu bieten, die ihn an das Unternehmen bindet. Um potentielle ausscheidende Mitarbeiter zu identifizieren, sollten regelmäßig Interviews und Umfragen über die Arbeitszufriedenheit sowie Feedback-Gespräche, beispielsweise Jahresgespräche mit Zielvereinbarungen, durchgeführt werden. Das Thema der Identifikation von erfolgsrelevanten Wissensträgern wird in 4.3.2 noch näher betrachtet. Eine Messung und Betrachtung des Fluktuationsrisikos bei Entlassungen von Arbeitgeberseite ist nicht notwendig, da die Kündigung von der Unternehmensführung ausgeht.

---

http://www.koerber-stiftung.de/koerber-forum/nachberichte/index.html (Abruf: 17.08.2008); siehe auch OECD/Prinz (2005), S. 17.

62 Vgl. Bundesinstitut für Bevölkerungsforschung (2008), S. 68.

63 Vgl. Die Bundesregierung: Rente mit 67 - ohne Alternative (30.03.2007). Online unter: http://www.bundesregierung.de/Content/DE/Artikel/2007/03/2007-03-09-rente-mit-67.html (Abruf: 09.08.2008).

2.8 Zusammenfassung

Fluktuation ist ein wichtiges Thema in Unternehmen. Auch wenn viele Firmen sich dessen nicht bewusst sind, entstehen neben finanziellen Kosten vor allem Wissensverluste, die sich meist erst bemerkbar machen, wenn der Arbeitnehmer bereits bei einem anderen Unternehmen arbeitet oder im Ruhestand ist. Das Ausscheiden kann mehrere Gründe haben und von verschiedenen Seiten ausgehen. Während eine Entlassung seitens des Arbeitgebers meist steuerbar ist und die Folgen gut einzuschätzen sein sollten, ist die Kündigung von Arbeitnehmerseite kritisch zu betrachten, insbesondere im Zusammenhang mit dem Verlust impliziten Wissens. Firmen sollten daher eine Unternehmenskultur bieten, welche Mitarbeiter bindet. Welchen Idealwert eine Fluktuationsrate haben sollte, ist von vielen Faktoren abhängig und nicht allgemein gültig zu statuieren. Viel wichtiger ist die bewusste Auseinandersetzung mit dem Thema.

Im Zuge des demografischen Wandels werden Unternehmen sich in Zukunft stärker auf ältere Arbeitnehmer fokussieren müssen. Zudem wird durch das Ausscheiden von mehr als fünf Millionen älteren Mitarbeiten in den nächsten zehn Jahren die Konservierung des Wissens in Firmen von besonderer Bedeutung sein. Auch die Fluktuation von nicht-demografisch bedingten ausscheidenden Mitarbeitern muss im Zuge von vermehrtem Arbeitsplatzwechsel und geringer Bindung an Firmen beachtet werden. Bei einer Annahme von 40 Millionen Erwerbstätigen und einer durchschnittlichen Fluktuationsrate von zehn Prozent scheiden jährlich immerhin vier Millionen Mitarbeiter aus Unternehmen aus.

3 Theoretische Grundlagen

In diesem Kapitel werden als Grundlage die Begriffe Wissen und implizites Wissen näher erläutert, um später im Detail auf die Konservierung von implizitem Wissen eingehen zu können. Die Bewahrung dessen bewegt sich wiederum im Themenfeld des Wissensmanagements, das mit Hilfe der Literatur in diesem Abschnitt ferner betrachtet wird.

3.1 Zum Begriff des Wissens

In der Literatur lassen sich verschiedene Auffassungen und Definitionen zu Wissen finden.[64] Sowohl Psychologie, Philosophie, Informatik und Betriebswirtschaft beschäftigten sich mit dem Begriff. Im Managementbereich setzten sich vor allem das Strategische-, das Change- sowie das Human Ressource Management und die Organisations- und Ökonomietheorie mit dem Thema auseinander.[65] Die unterschiedlichen Disziplinen betrachten Wissen unter verschiedenen Schwerpunkten und verfolgen somit differierende Interessen.

Für eine Annährung an den Begriff Wissen wird die häufig angewendete Abgrenzung zu den Begriffen Zeichen, Daten und Informationen gewählt. Danach wird Wissen durch Kategorien weiter aufgebrochen und verdeutlicht, was implizites Wissen, den Hauptbestandteil dieser Untersuchung, ausmacht.

3.1.1 Abgrenzung von Zeichen, Daten, Informationen und Wissen

Eine klare Beschreibung von Wissen ist am besten durch eine Unterscheidung von anderen wissensnahen Begriffen möglich. Insbesondere das Missverständnis in der Definition von Information und Wissen führt oft zum Scheitern von Wissensmanagement.[66] Um die unterschiedlichen Begriffe zu erläutern und abzugrenzen, bedient sich der Autor der Wissenstreppe von North (siehe Abbildung 6).

---

64 Im Englischen als knowledge geläufig.

65 Vgl. Prange (2002), S. 26.

66 Vgl. Probst/Raub/Romharft (2006), S. 15.

Zunächst wird auf die ersten vier Stufen detailliert eingegangen, danach werden die übrigen Ebenen kurz zusammengefasst.

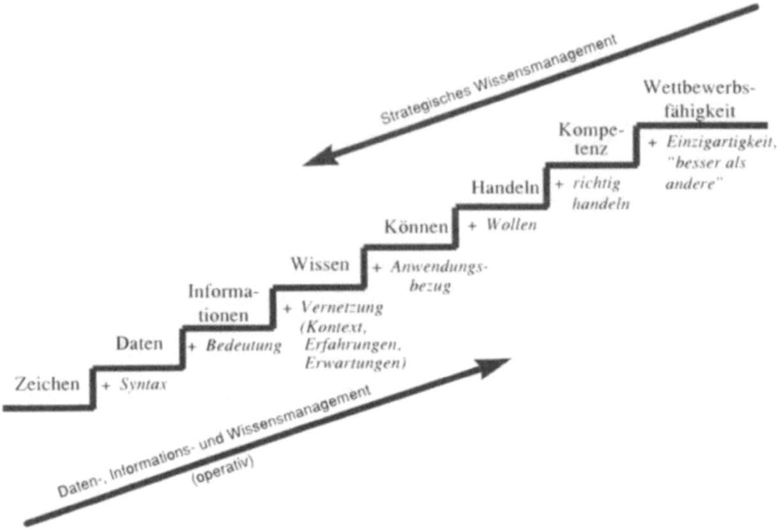

Abbildung 6: Die Wissenstreppe[67]

Auf der untersten Ebene der Wissenstreppe befinden sich **Zeichen**, die aus Buchstaben, Ziffern oder Sonderzeichen bestehen.[68] Werden einzelne Zeichen herausgewählt, etwa '2', '9', '0' sowie ein Komma, ergeben diese zusammen keine Bedeutung. Erst durch syntaktische Regeln oder Codes werden Zeichen zu **Daten**. Nach Willke gibt es nur Zahlen, Sprache/Text und Bilder, die zur Codierung genutzt werden. Somit ist alles, was nicht mit diesen drei Formen wiedergegeben werden kann, kein Datum.[69] Daten können aus beliebigen Zeichen bestehen und sogar sinnvolle Zeichenfolgen ergeben. So können die oben genannten Zeichen beispielsweise folgende Form annehmen: 2,90. Stehen Daten für sich allein, haben sie keinen Zweck, sondern dienen lediglich als Rohstoff.[70] Erst wenn Daten eine Bedeutung gegeben wird, können sie als **Informationen** bezeichnet werden. Die eben erwähnten Daten '2,90' sind erst in einem Problembezug[71] als Information zu betrachten, wie beispielsweise '500 Blatt Papier

67 North (1998), S. 41.
68 Vgl. North (1998), S. 40.
69 Vgl. Willke (2001), S. 7.
70 Vgl. Willke (2001), S. 8.
71 Vgl. Rehäuser/Krcmar (1996), S. 4.

kosten 2,90 Euro'. Ein solcher Bezug wird jedoch von jedem Benutzer selbst hergestellt, da jeder ein anderes Vorwissen in sich trägt.[72] Somit ist laut Willke ein Austausch von Informationen nicht möglich, weil zwei Personen beziehungsweise Systeme niemals identisch sein können.[73] Sveiby behauptet auf der anderen Seite, dass Informationen „vom Urheber unabhängig"[74] sind.

Auf der Wissenstreppe von North findet die Umwandlung von Information zu **Wissen** durch den Prozess der Vernetzung statt. Dafür muss der Nutzer Zusammenhänge kennen und Informationen verbinden, um dann daraus Wissen zu schaffen.[75] Ebenso wie beim Wandel von Daten zu Informationen, ist auch dieser Prozess von jedem Individuum abhängig. So kann es vorkommen, dass Informationen von einigen Personen nicht wahrgenommen werden, während andere diese zu Wissen transferieren.[76]

In der Literatur gibt es Autoren, die Daten, Informationen und Wissen nicht als klar abgegrenzte Begriffe betrachten. So sehen Probst/Raub/Romhardt einen Entwicklungspfad von Daten zu Wissen[77] während Davenport/Prusak zu folgender Aussage kommen: „KNOWLEDGE is neither data nor information, though it is related to both, and the differences between these terms are often a matter of degree."[78] Wissen ist demnach auch deutlich von Daten und Informationen abzugrenzen, aber die Begriffe liegen sehr eng beieinander und Unterschiede sind vom Betrachter und der Situation abhängig. Für die Problemstellung wird eine klare Abgrenzung der Begriffe unterstellt und im Folgenden Definitionen des Begriffes Wissen betrachtet. Probst/Raub/Romhardt umreißen Wissen wie folgt:

> „Wissen bezeichnet die Gesamtheit der Kenntnisse und Fähigkeiten, die Individuen zur Lösung von Problemen einsetzen. Dies umfasst sowohl theoretische Erkenntnisse als auch praktische Alltagsregeln und Handlungsanweisungen. Wissen stützt sich auf Daten und Informationen, ist im Gegensatz zu diesen jedoch immer an Personen gebunden. Es wird von Individuen konstruiert

---

[72] Vgl. Davenport/Prusak (1998a), S. 29.
[73] Vgl. Willke (2001), S. 8 f.; vgl. Bode (1997), S. 458.
[74] Sveiby (1998), S. 69.
[75] Vgl. Rehäuser/Krcmar (1996), S. 5.
[76] Vgl. Schüppel (1996), S. 56.
[77] Vgl. Probst/Raub/Romhardt (2006), S. 18.
[78] Davenport/Prusak (1998b), S. 1 (Hervorhebung stammt aus dem Original).

> und repräsentiert deren Erwartungen über Ursache-Wirkungs-Zusammenhänge."[79]

Mit der Definition von Davenport/Prusak wird eine ergänzende Sichtweise auf den Begriff des Wissens vorgestellt:

> „Wissen ist eine fließende Mischung aus strukturierten Erfahrungen, Wertvorstellungen, Kontextinformationen und Fachkenntnissen, die in ihrer Gesamtheit einen Strukturrahmen zur Beurteilung und Eingliederung neuer Erfahrungen und Informationen bietet. Entstehung und Anwendung von Wissen vollziehen sich in den Köpfen der Wissensträger. In Organisationen ist Wissen häufig nicht nur in Dokumenten oder Speichern enthalten, sondern erfährt auch eine allmähliche Einbettung in organisatorische Routinen, Prozesse, Praktiken und Normen."[80]

In der Definition von Probst et al. ist hervorzuheben, dass Wissen in den Köpfen der Wissensträger entsteht. Es ist nicht nur in Dokumenten, sondern vielmehr auch in Praxisabläufen und Prozessen vorhanden. Davenport/Prusak arbeiten im Gegensatz zu Probst et al. explizit die impliziten Wissensbestandteile heraus, was für diese Studie von hoher Relevanz ist. Der Autor schließt sich der Definition von Probst et al. an und erweitert diese aus den eben genannten Gründen durch die von Davenport/Prusak. Zusätzlich wird dies durch die Auffassung von Nonaka/Takeuchi, wonach Wissen das Produkt aus der Interaktion von Menschen ist[81], ergänzt.

Zusammenfassend ist festzustellen, dass Daten und Informationen kein Wissen sind, sondern vielmehr dafür benötigt werden, um dieses zu generieren. Zudem ist klar geworden, dass Wissen personengebunden, kontextabhängig sowie erfahrungsbasiert ist und durch Interaktion von Menschen entsteht. Innerhalb der Wissenstreppe von North in Abbildung 6 zeigt sich, dass Wissen nicht die letzte Stufe darstellt. Es kann sich durch Anwendung, Motivation und Handeln zur Kompetenz entwickeln. Abbildung 7 zeigt eine ähnliche Treppe von Auer, in der nach der Wissensstufe Know-how und Erfahrung folgen. Auf der höchsten Stufe wird Erfahrungswissen zur Expertise. Was unter diese einzelnen Wissensbegriffe fällt, und inwiefern sie für diese Studie Bedeutung haben, wird im nächsten Unterkapitel erläutert.

---

79 Probst/Raub/Romhardt (2006), S. 22.

80 Davenport/Prusak (1998a), S. 32.

81 Vgl. Nonaka/Takeuchi (1997), S. 71.

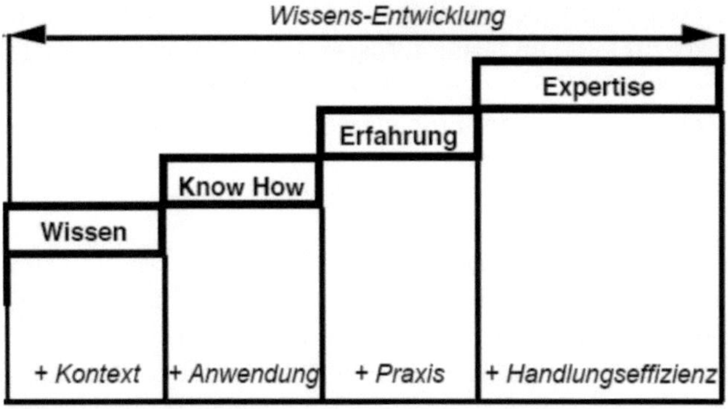

Abbildung 7: Wissenstreppe nach Auer[82]

3.1.2 Wissensarten

In der Literatur zeigen die verschiedenen Ansätze Wissen zu kategorisieren oder systematisieren wie komplex der Wissensbegriff ist.[83] Um diesen noch stärker herauszuarbeiten, wird die häufig vorzufindende Kategorisierung in Form von Dichotomien gewählt. Anhand einer Charakterisierung und Benennung der Merkmale werden dabei Typenpaare voneinander abgetrennt. Romhardt hat in seiner Dissertation 40 verschiedene Dichotomien aus den unterschiedlichsten Wissenschaftsdisziplinen zusammengetragen.[84] Dabei hat er durch Interviews vier Gegensatzpaare ausgemacht, die besonders scharf abzugrenzen und praxisrelevant sind: implizites versus explizites Wissen, individuelles versus kollektives Wissen, internes versus externes Wissen sowie analoges versus digitales Wissen.[85] Zur Betrachtung des Forschungsgegenstandes sind vor allem die ersten beiden Dichotomien von erhöhter Bedeutung und werden im Nachfolgenden dargestellt.

3.1.2.1 Implizites versus explizites Wissen

Der Zusammenhang zwischen implizitem und explizitem Wissen wird oft in Form eines Eisbergs veranschaulicht. An der Spitze befindet sich das explizite Wissen, das für Außenstehende, aber auch für den Wissensinhaber zu sehen und in Worten und Zahlen beschreibbar ist. Unter der Wasseroberfläche, beim Mensch gesehen im Inneren, verbirgt sich das impli-

82 Angepasst: Auer (2002), S. 2.
83 Vgl. Albrecht (1993), S. 81 f.; vgl. von Krogh/Venzin (1995), S. 420 ff.
84 Vgl. Romhardt (1998), S. 28 f.
85 Vgl. Romhardt (1998), S. 56.

zite Wissen, was wiederum nicht wahrgenommen werden kann.[86] Das Verhältnis von explizitem zu implizitem Wissen scheint allgemein als 10 zu 90 Prozent angenommen zu werden.[87] Bei der Betrachtung der Dichotomie wird der Fokus aufgrund der Problemstellung auf die implizite Dimension gesetzt.

Der Sozialphilosoph Michael Polanyi gilt als Begründer des Begriffes des impliziten Wissens. Erstmals erwähnte er *tacit knowledge*[88] 1958. Dieses wurde dann in der deutschen Fassung seines Werkes *The tacit dimension*[89] in implizites Wissen übersetzt. Eine klare und all umfassende Definition des Begriffes ist bei Polanyi nicht auszumachen. Folgende These von ihm verdeutlicht aber, worauf implizites Wissen abzielt, nämlich „... daß wir mehr wissen, als wir zu sagen wissen"[90]. Menschen haben demnach Wissen in sich, das sie nicht beschreiben können. Weiter fügt Polanyi an, dass implizites Wissen die nicht-explizierbaren Fähigkeiten und Geschicklichkeiten eines Individuums sind, die sowohl praktische als auch theoretische Kenntnisse sein können.[91] Aus betriebswirtschaftlicher Sicht führen Polanyis Aussagen also zu dem Schluss, dass implizites Wissen jenes Wissen ist, was sich in den Köpfen der Mitarbeiter befindet und nicht ausgedrückt werden kann. Folgendes Zitat von Polanyi zur Übertragbarkeit von implizitem Wissen verdeutlicht dies: „An art which cannot be specified in detail cannot be transmitted by prescription, since no prescription exists."[92]

Wenn implizites Wissen nicht erklärbar ist, dann kann es auch nicht dokumentiert und übertragen werden. Als Beispiel dafür nennt Polanyi das Erkennen von Gesichtern. Auf der Straße können Personen aus Tausenden Gesichtern jemanden wieder erkennen, aber die Vorgehensweise kann nicht beschrieben werden.[93] Auch wenn Polanyi noch weitere nachvollziehende Beispiele nennt und ihm in seinen Aussagen zugestimmt werden kann, geht aus seinen Werken keine direkte Beschreibung oder

---

86 Vgl. Nonaka/Takeuchi (1997), S. 72; vgl. Schüppel (1996), S. 260.

87 Vgl. Geldermann (2006), S. 320; vgl. Grasnick, Berit: Kritischer Erfolgsfaktor (03.07.2002). Online unter http://www.changex.de/d_a00685.html (Abruf: 13.08.2008).

88 Siehe Polanyi (1958).

89 Siehe Polanyi (1966); für deutsche Fassung siehe Polanyi (1985).

90 Polanyi (1985), S. 14 (im Original kursiv).

91 Vgl. Polanyi (1985), S. 16.

92 Polanyi (1958), S. 53.

93 Vgl. Polanyi (1985), S. 14.

Theorie von impliziten Wissen hervor. So ist auch nicht deutlich, in welchem Zusammenhang implizites und explizites Wissen zueinander stehen. Renzl sieht in Polanyis Werken, dass beide Wissensformen komplementär zu betrachten sind.[94] Ob es somit eine klare Abgrenzung gibt, ist offen.

Nonaka und Takeuchi veranschaulichen in ihrem Buch *The Knowledge-Creating Company*[95] implizites und explizites Wissen und sehen in ihnen keine Dichotomie, sondern komplementäre Formen.[96] Die Autoren setzen sich verstärkt mit dem impliziten Wissen auseinander und unterteilen es in zwei Kategorien. Auf der einen Seite gibt es die technische Dimension, zu der informelle und kaum beschreibbare Fähigkeiten gehören, die sich der Besitzer in jahrelanger Erfahrung unbewusst angeeignet hat. Dieses Wissen ist nicht mit Regeln verknüpft und kann als Know-how oder Erfahrungswissen bezeichnet werden.[97] Demzufolge ist es schwer auf andere Personen übertragbar. Der technischen Dimension steht die kognitive Ebene gegenüber. Sie stützt sich auf mentale Bilder oder Modelle. Dies können zum Beispiel Perspektiven, Wertvorstellungen und Überzeugungen sein, die für eine Person so selbstverständlich sind,[98] dass sie kaum zu beschreiben und artikulieren sind. Die Arbeit eines Übersetzers spiegelt sehr gut das implizite Wissen wieder, denn diese hat

> „ […] mit einer eher intuitiven gefühlsmäßigen Annährung an Wissen und Sprache zu tun. Oft ist [der Übersetzer] dabei nicht in der Lage, bestimmte Überlegungen mit dem Verstand zu erklären – die rationale Ebene ist eher ausgeschaltet und es handelt es [sic!] sich hierbei oftmals um automatisches Wissen, das einem selbst nicht immer völlig bewusst ist."[99]

Im Gegensatz dazu stellt das explizite Wissen das in Sprache oder Schrift Verbalisierbare dar. Es lässt sich in Form von Dokumenten durch Informationstechnologie kodifizieren, formalisieren, sichern und transferieren.[100] Beispiele für explizites Wissen sind Handlungs- und Verfahrensanweisungen, Protokolle, Patente, Organigramme, technische Daten, Nach-

---

94 Vgl. Renzl (2003), S. 26.

95 Siehe Nonaka/Takeuchi (1995).

96 Vgl. Nonaka/Takeuchi (1997), S. 267.

97 Vgl. Schanz (2006), S. 69. Schanz sieht in implizitem Wissen „konzentrierte Lebenserfahrung".

98 Vgl. Sveiby (1998), S. 121.

99 Prange (2002), S. 48.

100 Vgl. Hesseler/Werner (2008), S. 44.

schlagwerke sowie Maßnahmenkataloge zur Fehlerbeseitigung.[101] Es kann vorkommen, dass in solchen Dokumenten für ein komplettes Verständnis dennoch implizites Wissen notwendig ist.[102]

Wie eingangs erwähnt, wird bei einer dichotomischen Herangehensweise oft eine Charakterisierung und Beschreibung von Merkmalen genutzt. Tabelle 1 zeigt eine Aufstellung von Merkmalen impliziten und expliziten Wissens:

Implizites Wissen	Explizites Wissen
▪ langfristig wachsend ▪ nicht sichtbar ▪ nicht oder schwer übertragbar ▪ nur durch Zeigen mitteilbar ▪ personengebunden ▪ im Kopf gespeichert ▪ unbewusst ▪ analoges Wissen ▪ Wissen der Gegenwart ▪ intuitiv ▪ automatischer Erwerb durch Erfahrung, Wahrnehmung, Denkprozesse, Handlung, Imitation	▪ kürzer werdende Halbwertszeit ▪ identifizierbar ▪ übertragbar ▪ artikulierbar ▪ unabhängig vom Produzent ▪ in Worten, Bildern oder Dokumenten gespeichert ▪ bewusst ▪ digitales Wissen ▪ vergangenheitsorientiert ▪ bewusste Aneignung ▪ wenig kontextgebunden

***Tabelle 1: Merkmale von implizitem und explizitem Wissen*[103]**

Ferner differenzieren Rüdiger und Vanini innerhalb des impliziten Wissens zwischen implizitem Wissen und tacit knowledge.[104] Ersteres umfasst für sie „Formen von Wissen […] zur Lösung eines anliegenden Problems, die von Personen getragen werden, aber im Gegensatz zu explizitem Wissen

---

[101] Vgl. North (1998), S. 49.

[102] Vgl. Doye (2005), S. 40. Der Nachfolger eines Lackierers hatte Qualitätsprobleme. An einer Stelle ist der Lack immer wieder abgegangen, der Kunde beschwerte sich. Auf Nachfrage beim Vorgänger stellte sich heraus, dass genau an dieser Stelle der Lack nur halb so dick aufgetragen werden darf, was wiederum durch langjährige Erfahrung beim Vorgänger automatisiert war.

[103] Eigene Darstellung. Quellen für Merkmale vgl. North (1998) S. 49; vgl. Lucko/Trauner (2005), S. 10; vgl. Auer (2002), S. 1 f.; vgl. Schüppel (1996), S. 255; vgl. Willke (2001), S. 12 f.; vgl. Nonaka/Takeuchi (1997), S. 73; vgl. Schanz (2006) S. 13; vgl. Neuweg (1999), S. 22 f.

[104] Allgemein wird tacit knowledge mit implizitem Wissen gleich gesetzt (siehe S. 23), hier jedoch von den Autoren konkret unterschieden.

nicht artikuliert sind..."[105] Tacit knowledge hingegen sehen sie als Teilmenge des impliziten Wissens. Diese umfasst Formen,

> „... die nicht artikuliert sind, weil entweder die Problemrelevanz der Wissenskomponenten nicht bewusst ist [...], Artikulation keine effiziente Form der Übertragung ist [...] oder es sowohl an Problembewußtsein als auch an Artikulationseffizienz mangelt..."[106].

Implizites Wissen ist für Rüdiger/Vanini demnach, genau wie bei Polanyi, etwas nicht Artikuliertes. Eine Teilmenge dieses betrachten sie nur als implizit und nicht tacit, weil es generell artikulierbar ist, aber nicht artikuliert wird. Gründe dafür sind der Schutz von Wissen vor Wettbewerbern, eine Kultur in der Wissen gleich Macht ist oder Wissen einfach Vergessen wird. Ihrer Auffassung nach ist dies kein tacit knowledge.[107] Diese Studie konzentriert sich auf das implizite Wissen in seiner Gesamtheit, die eben genannte Teilmenge wird also mit einbezogen.

Zusammenfassend lassen sich die wichtigsten Merkmale des impliziten Wissens wie folgt charakterisieren: unbewusst, intuitiv, nicht oder schwer artikulierbar und personen-gebunden. Es wird durch Erfahrung, Wahrnehmung, Denkprozesse, Handlung, Imitation und Training erworben und beruht auf Überzeugungen und Werten. Im Nachfolgenden wird auf implizites Wissen innerhalb eines Unternehmens eingegangen.

Kurz gesagt, ist implizites Wissen das unbewusste Handeln in allen unternehmerischen Situationen. Bei Arbeitern in der Produktion ist es der besondere Umgang mit den Maschinen und Werkzeugen[108], bei Unternehmensberatern die Fähigkeit mit Menschen umzugehen. Für Verkäufer ist es das Gespür, dem Kunden die passenden Produkte zu guten Konditionen anzubieten. Aber auch informelle Absprachen und Abläufe stellen implizites Wissen in Firmen dar. Meist stellt es intuitive Entscheidungen, wie etwa sich ohne schlagkräftige Argumente gegen eine Markterschließung auszusprechen, dar. Hierbei spielt Erfahrung eine wesentliche Rolle. Welches implizite Wissen für Unternehmen als erfolgsrelevant empfunden wird, ist Gegenstand der Befragung in Kapitel 5.

---

[105] Rüdiger/Vanini (1998), S. 472.
[106] Rüdiger/Vanini (1998), S. 472.
[107] Vgl. Rüdiger/Vanini (1998), S. 470 ff.
[108] Siehe Auftragen des Lackes.

Implizites Wissen kann folglich als Know-how, Erfahrungswissen, Expertise und Kompetenz angesehen werden – genau die Stufen, die auf den Wissenstreppen von North und Auer der Wissensstufe folgen. Die Herausforderung für Unternehmen wird sein, implizites Wissen von Mitarbeitern zu transferieren und anderen zugänglich zu machen. Doch wenn sich das implizite Wissen nicht in Worte fassen lässt und sogar unbewusst vorhanden ist, stellt sich für Firmen die Frage nach einer Transfermethode. Aufgrund der Merkmale, die implizites Wissen ausmachen, kann diese nur auf Zeigen, Beobachten und Imitation beruhen.[109]

Erst 50 Jahre nach Einführung vom Begriff des impliziten Wissens durch Polanyi ist ein gesteigertes Interesse in der Literatur zu verzeichnen. Bei einer Abfrage der deutschen wiso-Datenbank mit 340 Zeitschriften und der EBSCO-Datenbank mit mehr als 12 000 Zeitschriften spiegelt sich dieser Trend wieder (siehe Abbildung 8). Nachdem in beiden Datenbanken bis zum Jahr 1995 kaum Veröffentlichungen zu finden sind, steigert sich die Zahl seit der Veröffentlichung von Nonaka/Takeuchis *The Knowledge-Creating-Company*[110]. In der EBSCO-Datenbank ist eine kontinuierliche Zunahme von Veröffentlichungen auszumachen, in der wiso-Datenbank folgt nach 2004 ein Abschwung. Erst 2007 wird wieder ein immenser Anstieg verzeichnet, der sich in der ersten Hälfte diesen Jahres fortführt.

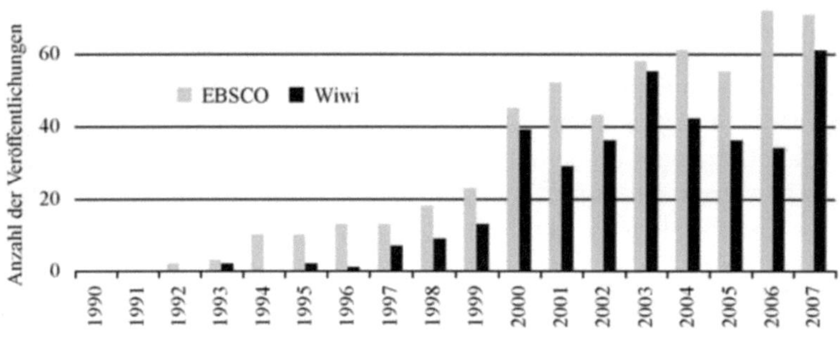

Abbildung 8: ***'Implizites Wissen' in der wiso- und 'tacit knowledge' in der EBSCO-Datenbank***[111]

[109] Vgl. Neuweg (1999), S. 16.

[110] Siehe Nonaka/Takeuchi (1995).

[111] Eigene Abbildung. Daten aus Abfrage der wiso-Datenbank (Online unter http://www.wiso-net.de/) und EBSCO-Datenbank (Online unter http://web.ebscohost.com/ehost/search?vid=3&hid=115&sid= deade30f-190a-42e4-8eb4-5f9df181a6c4%40sessionmgr102) am 09.07.2008.

3.1.2.2 Individuelles versus kollektives Wissen

Nach der Betrachtung von implizitem und explizitem Wissen wird nun kurz die zweite Dichotomie, individuelles Wissen versus kollektives Wissen[112], beschrieben. Individuelles Wissen ist das Wissen einer Person, welches nur für diese zugänglich ist. Kollektives Wissen hingegen steht mehreren Personen gleichzeitig zur Verfügung.[113] Zusammen bilden beide die organisationale Wissensbasis, welche für die Lösung von Aufgaben benötigt wird[114] und aus der Wettbewerbsvorteile entstehen[115].

Beide Arten können sowohl implizites als auch explizites Wissen darstellen. Bei der Betrachtung von Abbildung 9 zeigt sich, welche Wissensbereiche sich aus der Kombination von den beiden beschriebenen Dichotomien ergeben. Für die Problemstellung wird speziell der Frage nachgegangen, ob und wie das individuelle implizite Wissen expliziert und/oder kollektiviert werden kann. Abschnitt 2.6 hat gezeigt, dass aufgrund des demografischen Wandels in den nächsten zehn Jahren viele Mitarbeiter zur gleichen Zeit aus Unternehmen ausscheiden werden. Somit wird neben dem individuellen auch das kollektive implizite Wissen im weiteren Verlauf der Studie betrachtet.

	Individuelles Wissen	Kollektives Wissen
Explizites Wissen	Fakten über Kunden	Handbücher, Handlungsanweisungen, Dokumentation von Projekten
Implizites Wissen	Persönliche Einstellung zu Teamkollegen, Erfahrungswissen	Unternehmenskultur, Werte, Umgangsformen, Abläufe

Abbildung 9: Wissensbereiche in Unternehmen[116]

[112] In der Literatur wird individuelles auch häufig privates und kollektives oft organisationales Wissen genannt.

[113] Vgl. Wahren (1996), S. 141.

[114] Vgl. Probst/Raub/Romhardt (2006), S. 18.

[115] Vgl. Schneider (1996), S. 21.

[116] Eigene Darstellung. In Anlehnung an Schindler (2000), S. 31.

3.2 Wissensmanagement

Wissensmanagement ist seit Mitte der 90er Jahre in der Management-Literatur ein fest stehender Begriff. Vor 1995 konzentrierten sich die ersten Ansätze auf Verbesserungen der Technik und Effizienzsteigerung im Rahmen der Process Reengineering Welle.[117] In das Bewusstsein von Medien und Unternehmen ist Wissensmanagement aber erst mit der Veröffentlichung der Wissensspirale von Nonaka/Takeuchi[118] gelangt. Dieses Modell, das in 3.2.3.1 detailliert dargestellt wird, wurde von den Japanern erstmals 1991 publiziert. Laut Snowden wurde dem Konzept aber erst vier Jahre später Beachtung geschenkt, weil die Unternehmen davor noch mit dem Process Reengineering beschäftigt waren. Erst 1995 wurde deutlich, dass dieses Konzept die Probleme der Wissenserfassung nicht beheben kann.[119] Abbildung 10 veranschaulicht die Entwicklung des Wissensmanagements in den letzten 15 Jahren. Im Zuge neuer Konzepte und technologischer Fortschritte wurde das Thema Wissensmanagement ab Mitte der 90er Jahre zu einem Schlagwort. Nach einer großen Euphorie trat vor allem durch den Zusammenbruch der New Economy und nicht erfüllten Erwartungen um das Jahr 2000 eine Phase der Ernüchterung ein.[120]

Abbildung 10: Die Hype-Kurve des Wissensmanagements[121]

[117] Vgl. Snowden (2002), S. 100.

[118] Siehe Nonaka/Takeuchi (1995) und auch die kommenden Abschnitte.

[119] Vgl. Snowden (2002), S. 100 f.

[120] Vgl. Knospe (2007), S. 30.

[121] Wesoly/Schnalzer (2005), S. 11; vgl. auch Knospe (2007), S. 31.

Dank der Wichtigkeit der Ressource Wissen sowie veränderten Rahmenbedingungen und Web 2.0 Technologien befindet sich das Thema Wissensmanagement nun in einer Phase der Konsolidierung und verhilft diesem zu einer Neubelebung.[122] Bei einer Umfrage der Fraunhofer Gesellschaft im Jahr 2005 hielten 91 Prozent der Unternehmen Wissensmanagement für den Einfluss auf die deutsche Wirtschaft als wichtig oder sehr wichtig.[123]

Wie auch schon beim Begriff Wissen, gestalten verschiedene wissenschaftliche Disziplinen und Herangehensweisen eine klare Definition von Wissensmanagement als schwierig. Ein gemeinsames Verständnis vom Management des Wissens ist aufgrund der unterschiedlichen Definitionen von Wissen kaum möglich (siehe 3.1.1). Hinzu kommt, dass das Konzept des Wissensmanagements als solches in Frage gestellt wird. So kam Prusak zur Aussage, „dass man Wissen gar nicht managen kann, so wie man Liebe, Patriotismus oder seine Kinder nicht managen kann. Stattdessen kann man aber eine Umgebung schaffen, in der Wissen gedeiht."[124] Auch Schanz sieht den Begriff des Wissensmanagements als irre führend an und meint, dass Führungskräfte besser „Wissensbewusst managen"[125] sollten.

Eine Definition, die häufig für den Begriff Wissensmanagement genutzt wird und im Gegensatz zu den eben genannten Autoren steht, ist folgende:

> „Wissensmanagement ist [...] als ein Ansatz zur wissenszentrierten Unternehmensführung zu verstehen, der die umfassende und systematische Auseinandersetzung mit dem Wissen und Lernen von psychischen und sozialen Systemen als nicht-triviale Maschinen sucht, dabei potentielle Barrieren ausdrücklich thematisiert, auf die Mobilisierung der Wissens- und Lernpotentiale zielt und damit ein wesentliches Instrument zur Bewältigung des organisatorischen Wandels darstellt."[126]

Laut Schüppel soll Wissensmanagement als eine zielgerichtete Nutzung der Ressource Wissen verstanden werden. Unternehmen müssen sich

---

[122] Vgl. Schütt (2008a), S. 32.

[123] Vgl. Schnalzer/Wesoly (2005), S. 24.

[124] Laurence Prusak im Handelsblatt im Mai 1998, zit. nach Schütt (2002), S. 51.

[125] Schanz (2006), S. 124.

[126] Schüppel (1996), S. 195.

bewusst mit dieser auseinandersetzen und als Entwicklungsmöglichkeit verstehen, um für die Zukunft wettbewerbsfähig zu sein. Die Definition stellt einen offensichtlichen Kontrast zu den Aussagen von Prusak und Schanz dar. Im Laufe der Studie wird sich herausstellen, ob die Konservierung von implizitem Wissen gemanagt oder lediglich eine Umgebung geschaffen werden kann, die solch eine Bewahrung fördert.

Im Folgenden werden Ziele sowie zwei Konzepte des Wissensmanagements vorgestellt. Diese dienen thematisch zur Vorbereitung auf die Konservierung des impliziten Wissens, welches Harris als einen von fünf Trends für das Wissensmanagement als kritisch für die Zukunft von Unternehmen hervorgehoben hat.[127]

3.2.1 Ziele des Wissensmanagements

Das breite Verständnis des Begriffes Wissensmanagement führt zu unterschiedlichen Zielen, welche von jedem Unternehmen selbst zu definieren sind. Während Wissensmanagement nach Betrachtung der oben genannten Definitionen als effizienter Umgang mit der Ressource Wissen für die Erreichung von Unternehmenszielen beschrieben wurde, werden nach Lehner im Allgemeinen diese Ziele verflogt:

- „optimale Nutzung wichtiger Ressourcen,
- Reduzieren der Time-to-Market,
- kürzere Produktzykluszeiten,
- Verbesserung der Kundenbeziehung und des Kundennutzens,
- verbesserte Effizienz bei F&E-Projekten,
- erfolgreiches Reengineering von Unternehmensprozessen,
- Verbesserung des internen Informationsflusses in der Organisation."[128]

Ein Management des Wissens soll demnach vor allem die Prozesse innerhalb des Unternehmens effizienter und schneller machen. Interessanterweise spricht Lehner von einer optimalen Nutzung mehrerer Ressourcen. Somit ist effizient eingesetztes Wissen für die optimale Nutzung anderer Ressourcen wichtig. Der letzte Punkt, die Verbesserung des Informations-

---

127 Vgl. Harris (2006), S. 2 f.
128 Lehner (2006), S. 34.

flusses, zeigt, wie unter Wissensmanagement also auch das Management von Informationen und somit auch Daten zu fallen scheint.

Ziele sind an Erwartungen gekoppelt. Nach einer Studie der Fraunhofer Gesellschaft im Jahr 1997 sind folgende Erwartungen an das Management von Wissen verbunden (Skala von gering (1) bis hoch (3)):[129]

- Produktqualität verbessern (2,6)
- Innovationsfähigkeit erhöhen (2,58)
- Kundennähe verbessern (2,57)
- Kosten senken (2,42)
- Produktivität steigern (2,42)
- Kreativität erhöhen (2,4)
- Durchlaufzeiten minimieren (2,3)
- Wachstum steigern (2,2)

Die Erwartungen konzentrieren sich zum großen Teil auf Effizienzsteigerungen in Produkten und Prozessen. Ein verbesserter Wissensfluss ist nicht explizit genannt, aber wird zur Erzielung der genannten Erwartungen als Basis unterstellt. Besonders Schneider hebt den Transfer und die Dokumentation von Know-how innerhalb eines Unternehmens als wesentliche Ziele des Wissensmanagements hervor.[130]

3.2.2 Grundausrichtungen

In der Literatur und der Praxis sind drei Grundausrichtungen des Wissensmanagements auszumachen. Im **humanorientierten Ansatz** wird der Fokus auf den Mensch als Hauptakteur des Unternehmens und zentralen Träger der Ressource Wissen gelegt sowie seine kognitiven Fähigkeiten in den Mittelpunkt gestellt. Diese Personalisierungs-Strategie soll vor allem der Vernetzung von Experten dienen und einen Austausch von Wissen ermöglichen soll.[131] Der **technikorientierte Ansatz** hingegen verfolgt das Ziel, Wissen mit Hilfe von Technologie zu identifizieren, zu nutzen, zu speichern und zu verteilen.[132] Innerhalb dieser Kodifizierungsstra-

---

[129] Vgl. Bullinger/Wörner/Prieto (1997), S. 17.
[130] Vgl. Schneider (1996), S. 31.
[131] Vgl. Picot/Neuburger (2008), S. 729.
[132] Vgl. Lehner (2006), S. 36.

tegie richtet sich der Fokus sehr auf Informationsverarbeitung und Nutzung von Software.

In den letzten Jahren hat sich ein dritter Ansatz entwickelt, der versucht, die zwei erst genannten Grundausrichtungen zu verbinden, um in **einem ganzheitlichen Ansatz** einen optimalen Nutzen zu erzeugen.[133] Die so entstehenden Synergieeffekte minimieren die Nachteile der anderen beiden Ausrichtungen. So fokussiert der humanorientierte Ansatz meist auch dann auf den Menschen, wenn das Hauptproblem bei der Technik liegt und umgekehrt.[134] Verschiedene Autoren unterstützen daher die These, dass der bestmögliche Einsatz der Ressource Wissen nur durch ein ganzheitliches Konzept entstehen kann. Unternehmen sollten sich demnach zeitgleich auf drei Dimension konzentrieren: Technologie, Mensch und Organisation (siehe Abbildung 11).[135]

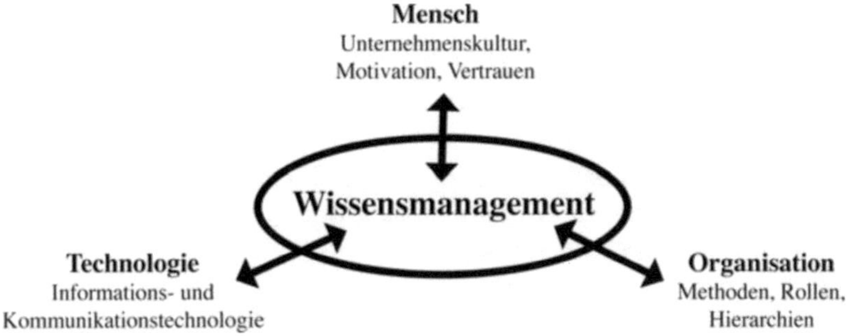

Abbildung 11: Technologie-Mensch-Organisation-Modell[136]

Generell gesehen, scheint der ganzheitlich-orientierte Ansatz eine ideale Herangehensweise für die Implementierung von Wissensmanagement zu sein. Dennoch muss jede Firma für sich selbst eruieren, welche Fokussierung am besten zu ihrem Management-Modell passt und somit den meisten Nutzen bringt. Die Problemstellung dieser Studie bewegt sich aber vor allem im human-orientierten Bereich. Grund hierfür ist, dass bei implizitem Wissen, welches personengebunden und nicht in Dokumenten speicherbar ist, ein Fokus auf Technik keinen Erfolg versprechen würde.

133 Vgl. Lehner (2006), S. 36.

134 Vgl. Mandl/Reinmann-Rothmeier (2000), S. 8.

135 Vgl. Schneider (1996), S. 36; vgl. Albrecht (1993), S. 227; vgl. Mandl/Reinmann-Rothmeier (2000), S. 8.

136 Eigene Abbildung. In Anlehnung an Bullinger/Wörner/Prieto (1998), S. 22 f.

3.2.3 Ausgewählte Konzepte

Im Folgenden stellt der Autor zwei Konzepte des Wissensmanagements dar. Neben der schon erwähnten Spirale der Wissensschaffung von Nonaka und Takeuchi werden die Bausteine des Wissensmanagements von Probst, Raub und Romhardt betrachtet. Das Konzept von Nonaka und Takeuchi stellt das implizite Wissen in den Vordergrund der Unternehmensarbeit. Es ist eines der wenigen, welches einen starken Fokus auf das implizite Wissen richtet und einer weiterführenden Betrachtung der Konservierung dienen soll. Probst, Raub und Romhardt konzentrieren sich mit ihrem Konzept hingegen auf die verschiedenen Bausteine des Wissensmanagements. Diese dienen in Kapitel 4.3 einer Systematisierung von Arbeitsschritten in der Konservierung von implizitem Wissen.

3.2.3.1 Spirale der Wissensschaffung nach Nonaka/Takeuchi

Nonaka und Takeuchi haben 1997 in ihrem Buch *Die Organisation des Wissens*[137] ein Modell aufgestellt, anhand dessen die Wissensschaffung im Unternehmen allgemeingültig dargestellt werden kann. Das Konzept der beiden Japaner beruht auf einer Befragung von 20 japanischen Firmen in den 80er Jahren.

Die Spirale der Wissensschaffung kombiniert die epistemologische mit der ontologischen Dimension. In der ersten Dimension stützen die Autoren sich auf die bereits beschriebene Unterscheidung von implizitem und explizitem Wissen.[138] Wie schon erwähnt sollen die beiden Arten nach Nonaka/Takeuchi nicht getrennt voneinander, sondern komplementär zueinander betrachtet werden. Nur durch Kombination und (soziale) Interaktion von implizitem und explizitem Wissen sowie dem einzelnen Mitarbeiter und der Organisation kann Wissen geschaffen werden.[139]

---

[137] Siehe Nonaka/Takeuchi (1997), S. 68 ff. Original im Englischen: „The Knowledge-Creating Company: How Japanese Companies Create the Dynamics of Innovation" (vgl. Nonaka/Takeuchi (1995)).

[138] Siehe Kapitel 3.1.2.

[139] Vgl. Nonaka/Takeuchi (1997), S. 73.

Daraus ergeben sich nach Meinung der Autoren die in Abbildung 12 dargestellten Typen der Wissensumwandlung, die nachfolgend erläutert werden.[140]

		Zielpunkt	
		Implizites Wissen	Explizites Wissen
Ausgangspunkt	Implizites Wissen	**Sozialisation**	**Externalisierung**
	Explizites Wissen	**Internalisierung**	**Kombination**

Abbildung 12: Formen der Wissensumwandlung[141]

Unter **Sozialisation** verstehen Nonaka/Takeuchi den Austausch von Erfahrungen und Know-how. Dieser direkte Transfer von implizitem Wissen ist nur durch Beobachtung, Imitation und Übung möglich und passiert meist in nonverbaler Form. Das implizite Wissen, welches in mentalen Modellen und Bildern weitergegeben wird, führt nicht nur zu neuem implizitem Wissen beim Empfänger, sondern auch zu neuen Perspektiven. Dadurch entwickelt sich wiederum implizites Wissen. Nonaka/Takeuchi beschreiben die Sozialisation vor allem mit den Beispielen der Meister-Lehrling-Beziehung und der Entwicklung des Brotbackautomaten.[142] Durch die Beobachtung und Imitation des Chefbäckers des Tokioer Hotels mit dem besten Brot ist es möglich gewesen, die besondere Technik des Dehnens und Knetens zu verstehen und damit eigenes implizites Wissen zu schaffen. Die Sozialisation stellt somit eine Möglichkeit dar, implizites Wissen an eine andere Person zu transferieren beziehungsweise in ihr neu zu bilden. Eine Schaffung von explizitem Wissen, was beliebig transferiert werden kann, lässt die Sozialisation nicht zu.

Externalisierung, oft auch Explikation genannt, bezeichnet den Prozess, bei dem implizites Wissen verbalisiert und in explizite Konzepte umgewandelt wird. Für Nonaka/Takeuchi ist die Externalisierung der Hauptprozess und Schlüssel für die erfolgreiche Wissensschaffung in Unternehmen. Dieser Prozess wird durch die Kommunikation der Mitarbeiter sowie

---

140 Vgl. Nonaka/Takeuchi (1997), S. 68 ff.

141 Nonaka/Takeuchi (1997), S. 75.

142 Vgl. Nonaka/Takeuchi (1997), S. 75 f.

Reflexion und Bewusstmachen von Wissen ausgelöst[143] und mit Hilfe von Metaphern, Analogien, Hypothesen, Beispielen oder Modellen in expliziten Konzepten abgebildet. Unterschiedliche Hilfsmittel ermöglichen es, eine Sachlage in andere Kontexte zu stellen, um so neue Erkenntnisse zu gewinnen. Die Externalisierung kann nach Nonaka/Takeuchi somit eine Umwandlung von implizitem in explizites Wissen erzielen, was wiederum einen Übergang von individuellem in kollektives Wissen möglich macht.

Die **Kombination** beschreibt die Sammlung von Konzepten und die Verbindung von explizitem Wissen in verschiedenen Kontexten. Dieses wird durch Medien und Gespräche ausgetauscht und führt am Ende zu einem Mehrwert für alle Beteiligten. Die Summe des Wissens wird im Unternehmen dadurch aber nicht gesteigert, da Wissen nur in anderer Form beziehungsweise Konstellation wiedergegeben wird.[144] Im Prozess der **Internalisierung** wird explizites Wissen aufgenommen und als implizites Wissen verinnerlicht. Unterstützt wird dieser Prozess durch Dokumente, Handbücher oder Erzählungen. Ein Beispiel für Internalisierung ist das klassische Learning-by-doing, bei dem selbstständig Fertigkeiten und Routine entwickelt werden.

Nonaka und Takeuchi stellen klar, dass eine "echte Innovation"[145] im Unternehmen nur durch das Zusammenwirken von implizitem und explizitem Wissen sowie den vier Formen der Wissensumwandlung – Sozialisation, Externalisierung, Kombination und Internalisierung – geschaffen werden kann. Die einzelnen Formen können ihrer Meinung nach nicht unabhängig voneinander betrachtet werden, sondern bauen vielmehr in Form einer *Wissensspirale* immer wieder aufeinander auf und dringen nach und nach in höhere ontologische Schichten vor. Dieser Prozess, veranschaulicht in Abbildung 13, startet beim Individuum, setzt sich in Teams und Abteilungen fort und erreicht die gesamte Firma bis es schließlich sogar Unternehmensgrenzen überschreitet. Es findet also eine Umwandlung von individuellem zu kollektivem Wissen statt.

---

[143] Vgl. North (1998), S. 51.
[144] Vgl. North (1998), S. 51.
[145] Nonaka/Takeuchi (1997), S. 84.

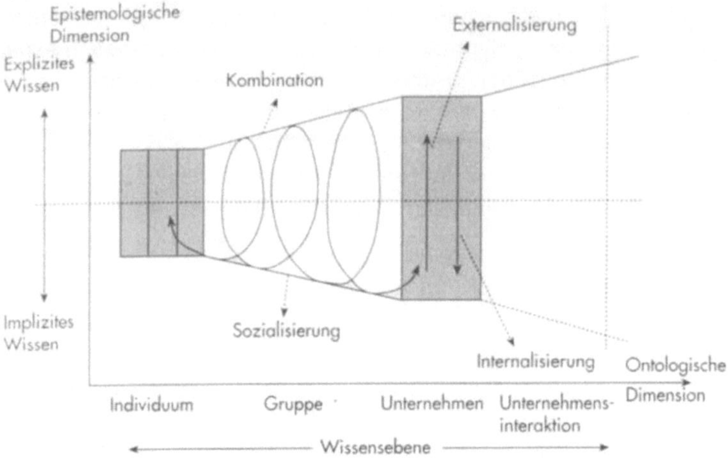

Abbildung 13: Spirale der Wissensschaffung[146]

Die beiden Autoren weisen in ihrem Werk darauf hin, dass der Erfolg für die Wissensspirale nur unter bestimmten Voraussetzungen gewährleistet werden kann.[147] Mit Blick auf die Konservierung von implizitem Wissen sind besonders die Schaffung einer Wissensstrategie beziehungsweise -vision und die Redundanz, also das Überschneiden von Informationen, hervorzuheben. Diese fördert den Austausch von implizitem Wissen. Ein Beispiel dafür wäre die Schaffung von zwei Teams, die sich mit der gleichen Fragestellung auseinandersetzen. Außerdem ist die notwendige Vielfalt der Umgebung förderlich, um Wissen zu schaffen. Hierfür sollten Teams beispielsweise gemischt sein.

Nonaka und Takeuchi haben heute bedeutenden Anteil daran, dass implizites Wissen als immer wichtiger werdende Ressource in Unternehmen angesehen wird. Mit der Spirale der Wissensschaffung zeigen sie, wie durch die Interaktion von Menschen sowie die Wechselwirkung aus implizitem und explizitem Wissen neues Wissen geschaffen werden kann. Bei der Betrachtung des Externalisierungsprozesses scheinen die Autoren davon auszugehen, dass implizites Wissen in explizites Wissen expliziert werden kann und ehemals implizites Wissen dann für einen Transfer zur Verfügung stünde. Doch dies ist ein häufig angenommenes Missver-

[146] Nonaka/Takeuchi (1997), S. 87.
[147] Vgl. Nonaka/Takeuchi (1997), S. 88 ff.

ständnis des Modells.[148] Nonaka/Takeuchi stellen klar, dass durch die Kombination der beiden Formen nur neues Wissen entsteht und nicht bestehendes implizites Wissen einfach in explizites Wissen umgewandelt werden kann. Sonst würde es sich lediglich um noch nicht expliziertes Wissen handeln. Für eine Konservierung von implizitem Wissen können somit nur Sozialisations- und Internalisierungsprozesse eine Möglichkeit darstellen, implizites Wissen beim Ausscheiden vor einem Verlust zu bewahren. Die Konservierung von implizitem Wissen an einen Nachfolger kann nicht in Form der Weitergabe eines Wissenspaketes erfolgen, sondern muss vielmehr in einem Prozess der Beobachtung, Imitation und Übung (Learning-by-doing) durch den Nachfolger geschehen.

3.2.3.2 Bausteine des Wissensmanagements nach Probst/Raub/Romhardt

Ein in Deutschland weit verbreitetes Modell, welches zur Implementierung von Wissensmanagement in Unternehmen als Rahmen dient, sind die *Bausteine des Wissensmanagements* von Probst, Raub und Romhardt.[149] Durch Interviews und Workshops in Unternehmen haben die Autoren Kernprozesse und Hauptaufgabenfelder im Umgang mit der Ressource identifiziert und zu einem ganzheitlichen Modell zusammengetragen.

Insgesamt haben Probst et al. sechs Kernprozesse ausgemacht, die miteinander verbunden sind und sich gegenseitig beeinflussen. Änderungen in einem Baustein führen demnach zu Auswirkungen in den anderen. Wissensmanagement setzt sich aus Sicht der Autoren aus Wissensidentifikation, -erwerb, -entwicklung, -(ver)teilung, -nutzung und -bewahrung zusammen. Die häufig fehlende strategische Ausrichtung des Wissensmanagements entlang der Unternehmensstrategie hat Probst et al. veranlasst diesen sechs Prozessen die Bausteine Wissensziele und Wissensbewertung hinzuzufügen, um so einen Managementkreislauf zu konstruieren (siehe Abbildung 14).

[148] Vgl. Schütt (2008a), S. 32.
[149] Vgl. Probst/Raub/Romhardt (2006), S. 25 ff.

Die einzelnen Prozesse werden im Folgenden kurz beschrieben.

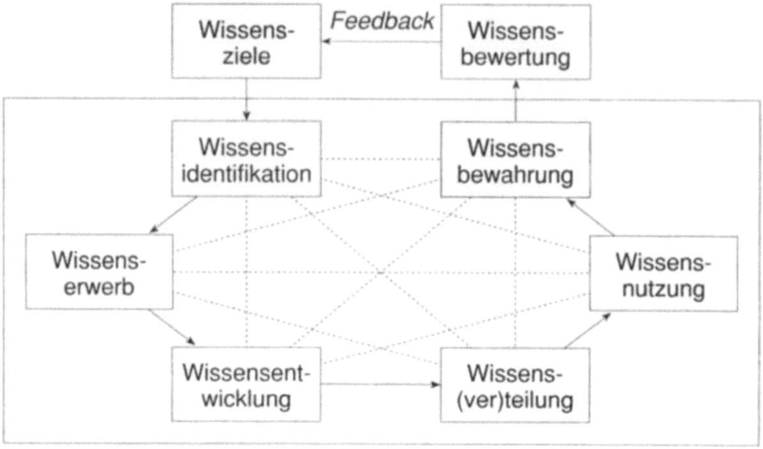

Abbildung 14: Die Bausteine des Wissensmanagements[150]

Wissensziele sollen als Grundlage für die Planung von Aktivitäten des Wissensmanagements dienen. Diese sollten Bestandteil der Unternehmensstrategie sein und normative, strategische und operative Wissensziele beinhalten. Normative Ziele sind notwendig um eine Unternehmenskultur aufzubauen, welche die Kommunikation untereinander und somit den Transfer von Wissen stärkt. Strategische Ziele sollen klar stellen, welches Wissen in Zukunft benötigt, beziehungsweise überflüssig wird. Operative Ziele lassen sich aus normativen und strategischen Zielen ableiten und führen zu einer konkreten Umsetzung in Form von Teilzielen.

Der erste Kernprozess ist die **Wissensidentifikation**. Unternehmen sollten in der Lage sein ihre Wissensträger, deren Fähigkeiten und Netzwerke benennen zu können. Es sollte eine Transparenz in Unternehmen geschaffen werden, die zeigt, welches Wissen und welche Wissenslücken vorhanden sind oder es in Zukunft geben wird. Dies ist insbesondere von Bedeutung, wenn durch Globalisierung, Restrukturierung und Fluktuation Mitarbeiter abwandern. Der **Wissenserwerb** beschäftigt sich mit der Akquise von Wissen von externen Wissensmärkten, beispielsweise durch die Rekrutierung von Experten anderer Firmen. Dem Erwerb steht die **Wis-**

[150] Probst/Raub/Romhardt (2006), S. 32.

sensentwicklung gegenüber. In diesem Prozess soll neues noch nicht vorhandenes Wissen intern geschaffen werden. Dies beinhaltet neben innovativen Produkten, Ideen und Fähigkeiten auch die Verbesserung organisationaler Abläufe. Der Prozess **Wissens(ver)teilung** ist im Rahmen dieser Studie der wichtigste und richtet sich auf die Teilung und den Transfer von Wissen. Die Unternehmen sollten Rahmenbedingungen schaffen, die eine Vermittlung der Ressource vereinfachen und unterstützen sowie Barrieren abbauen. Es sollte das Wissen geteilt werden, welches erfolgsrelevant ist. Für Probst et al. hat die Wissens(ver)teilung für die Bedeutung anderer Bausteine eine „Hebelfunktion"[151].

Nach dem Wissen identifiziert, erworben, entwickelt und geteilt wurde, wird im Prozess der **Wissensnutzung** damit gearbeitet. Mitarbeiter müssen ermutigt werden es zu gebrauchen und Unternehmen müssen eventuelle Barrieren abbauen. Der letzte Prozess ist die **Wissensbewahrung** und bezieht sich auf den Erhalt von Wissen, im Kontext der Arbeit insbesondere von Erfahrungswissen. Zentraler Bestandteil dieses Prozesses ist die Dokumentation von Wissen. Zudem sollten Voraussetzungen, wie etwa Anreize geschaffen werden, um Mitarbeiter zu halten. In einer **Wissensbewertung** soll anhand der gesetzten Ziele analysiert werden, wie effizient Wissensmanagementmaßnahmen ein- und umgesetzt wurden sowie für die Zukunft verbessert werden können.

Das Konzept von Probst et al. unterstützt eine strukturierte Betrachtungsweise des Wissensmanagements. Insbesondere die Veranschaulichung der Kernprozesse ermöglicht eine genaue Unterteilung von Maßnahmen und eine gezielte Analyse von möglichen Problemen mit der Ressource Wissen in den einzelnen Bereichen. Aus diesem Grund werden die Bausteine zur Systematisierung von Maßnahmen für eine Konservierung in Kapitel 4 zur Hilfe genommen. Es gibt aber auch Kritik am Konzept von Probst et al. So werden vor allem die fehlende „theoretische Fundierung"[152] und die praktische Umsetzung bemängelt[153]. Die Bausteine stellen im eigentlichen Sinne auch keine Theorie dar, sondern bieten

---

151 Probst/Raub/Romhardt (2006), S. 170.

152 Willke (2001), S. 82.

153 Vgl. Rohleder, Norbert: Die Bausteine des Wissensmanagements in der Praxis (01.08.2004). Online unter: http://www.wissensmanagement.net/online/archiv/2004/08_2004/wm-bausteine.shtml (Abruf: 15.07.2008).

vielmehr einen Rahmen anhand dessen Wissensmanagement in Unternehmen etabliert werden kann.

3.3 Zusammenfassung

Es wurde herausgestellt, dass Informationen zu Wissen werden, wenn sie von einer Person vernetzt und in einen Kontext gesetzt werden. Da dies nur durch Individuen geschehen kann, ist Wissen personengebunden und nicht von einem zum anderen Individuum transferierbar. Lediglich Informationen können mit Hilfe von Technologie weiter gereicht werden. So stellt explizites Wissen eigentlich nur Informationen dar und kein Wissen, weil es transferierbar ist und vor allem unabhängig von Personen betrachtet wird. Das implizite Wissen dagegen ist an Personen gebunden und zeichnet sich zudem durch das fehlende Bewusstsein und die schwere Artikulierbarkeit aus. Überspitzt könnte behauptet werden, dass Wissensmanagement nur das Management von implizitem Wissen darstellt und der Umgang mit explizitem Wissen mit dem Informationsmanagement gleichzusetzen ist.

Die Betrachtung der Wissensspirale verdeutlicht, dass die Externalisierung als Hauptprozess der Wissensschaffung aber nicht der Konservierung von implizitem Wissen anzusehen ist. Implizites Wissen kann nicht expliziert, sondern nur durch Sozialisations- und Internalisierungsprozesse konserviert werden. Innerhalb dieser Prozesse müssen durch Beobachtung, Imitation und Übung von einem oder mehreren Nachfolgern Informationen in möglichst den gleichen Kontext gesetzt werden, um wiederum neues implizites Wissen, welches dem des Trägers ähnelt, zu schaffen. Nur so können Unternehmen vor dem Ausscheiden eines Mitarbeiters versuchen, Erfahrungswissen zu erhalten. Mit Hilfe der Bausteine des Wissensmanagements soll die Auseinandersetzung mit der Konservierung von implizitem Wissen später erleichtert werden. Durch eine abstrakte Darstellung der Kernprozesse wird eine fundierte Betrachtung der Problemstellung unterstützt und macht eine klare Veranschaulichung möglich.

4 Konservierung von implizitem Wissen bei ausscheidenden Mitarbeitern

Kapitel 2 hat verdeutlicht, dass aufgrund des demografischen Wandels sowie aktiver Fluktuation in den nächsten Jahren viele Mitarbeiter Unternehmen verlassen werden. Wissen steht somit vor einem Verlustrisiko, falls nicht rechtzeitig Maßnahmen und Methoden eingeleitet werden, um dieses in Firmen zu erhalten. Dies scheint insbesondere bei älteren Mitarbeitern von Bedeutung zu sein; Experten gehen davon aus, dass beim Ausscheiden durchschnittlich ein Drittel des Know-hows verloren geht.[154] In Kapitel 3 wurden die Unterschiede zwischen verschiedenen Wissensarten deutlich und implizites Wissen als etwas nicht oder schwer Artikulierbares und Transferierbares dargestellt. Lediglich der Kontext und die Informationen können transferiert werden, um daraus wieder neues implizites Wissen zu schaffen. Methoden für eine solche Konservierung sind in Unternehmen jedoch nicht flächendeckend vorhanden. Nach einer Umfrage Anfang 2006 haben 53,1 Prozent der Firmen kaum oder keine Maßnahmen zur Bewahrung von Wissen bei ausscheidenden Mitarbeitern. Interessanterweise planen 82,5 Prozent dieser Unternehmen auch keine.[155]

Im Bereich des Wissensmanagements hat sich der Trend dahin entwickelt, dass Unternehmen sich auf die Implementierung von bestimmten Aktionen anstatt auf möglichst ganzheitliche Maßnahmen konzentrieren, weil dadurch vor allem das Risiko von Fehlinvestitionen kalkulierbar bleibt.[156] So kann die Konservierung von implizitem Wissen als kleiner, und vor allem noch sehr unbekannter, Wissensmanagement-Bereich angesehen werden. Er wird in diesem Kapitel mit Hilfe der Bausteine von Probst et al. ganzheitlich betrachtet. Neben der Darstellung von Barrieren und Voraussetzungen werden vor allem Methoden betrachtet, die in der Literatur und Praxis für solch eine Wissensbewahrung ausgemacht wurden.

---

[154] Vgl. Michel (2006), S. 5; vgl. Fromm (2008), S. 25; vgl. Astheimer, Sven: Den Unternehmen droht Wissensverlust (19.10.2006). Online unter: http://berufundchance.fazjob.net/s/RubE481DAB 3A8B64F8D9188F8FE0AB87BCF/Doc~EC0FC7270A5794D739F6C78D0BC9FD6A3~ATpl~Ecommon~Scontent.html (Abruf: 14.08.2008).

[155] Vgl. Pawlowsky/Gerlach/Hauptmann/Puggel (2006), S. 29 ff. Siehe auch Capgemini (2007), S. 20.

[156] Vgl. Wesoly/Schnalzer (2005), S. 12.

4.1 Barrieren

Die erfolgreiche Konservierung wird meist durch Barrieren verhindert. Viele dieser Hürden lassen sich auch auf den ganzen Bereich des Wissensmanagements projizieren. Es wird jedoch nachfolgend ausdrücklich auf jene Barrieren eingegangen, die besonderen Einfluss auf einen nicht oder schlecht stattfindenden Transfer von implizitem Wissen haben.[157]

In Anlehnung an Prange, werden die Barrieren in verschiedene Kategorien eingeordnet.[158] Unter den psychologischen Hürden sind vor allem Zeitknappheit und Wissen-ist-Macht-Denken von besonderer Bedeutung. Nach einer Umfrage der Fraunhofer Gesellschaft aus dem Jahr 1997 nennen 70,1 Prozent der befragten Unternehmen Zeit als größtes Problem des Wissensmanagements.[159] Wenn Wissen über einen langen Zeitraum nicht konstant ausgetauscht wird, und erst kurz vor dem Ausscheiden kurzfristig transferiert werden soll, stellt Zeit eine Herausforderung dar. Schütt sieht jedoch kein Mangel an Zeit, sondern vielmehr die Schwierigkeit von Mitarbeitern und Führungskräften dem Thema Priorität zuzuordnen.[160] Eine weitere Herausforderung stellt die Nutzung von Wissen als Machtinstrument dar. Wenn Wissen benutzt wird, um Macht zu erlangen und zu erhalten, wird ein Unternehmen Probleme haben, in Zukunft wettbewerbsfähig zu sein, weil Wissen auf diese Weise nicht ausgetauscht und optimal genutzt werden kann.[161] Weitere Hürden sind kulturell bedingt. So verhindert eine Unternehmenskultur, in der kein Vertrauen zwischen den Mitarbeitern vorhanden ist, eine Zusammenarbeit.[162] Fehlende Kommunikation und Dialoge sowie interner Wettbewerb hemmen so einen erfolgreichen Wissensaustausch, da die Interaktion zwischen den Menschen als markante Voraussetzung für eine Konservierung ausgemacht wurde. Strukturelle Barrieren sind vor allem fehlende Transfermöglichkeiten und -foren, keine Anreize, zu große räumliche Distanz sowie fehlende Vorbildfunktion und mangelnder Einsatz durch das Top-Management.[163]

[157] Zu Barrieren des Wissensmanagements vgl. insbesondere Schüppel (1996), S. 108 ff.

[158] Vgl. Prange (2002), S. 197 f.

[159] Vgl. Bullinger/Warschat/Prieto/Wörner (1998), S. 17.

[160] Vgl. Schütt (2008b), S. 10.

[161] Vgl. North (1998), S. 77.

[162] Vgl. IBM (2007), S. 13.

[163] Vgl. Geldermann (2006), S. 322.

Beim Transfer von explizitem Wissen nimmt die technische Komponente einen sehr großen Stellenwert ein. Für das implizite Wissen hat sie lediglich eine unterstützende Funktion. Dennoch sind fehlende technische Instrumente teilweise ebenfalls ein Hindernis. Aber vor allem der alleinige Fokus auf Informationstechnologien macht einen erfolgreichen Transfer von implizitem Wissen unmöglich. In Anbetracht der Tatsache, dass viele ältere Personen aus den Unternehmen ausscheiden, kann die schwere Bedienbarkeit oder Abneigung von Informationstechnologien ein Problem darstellen.

Im letzten Abschnitt werden die wissensbezogenen und personellen Barrieren zusammen betrachtet. Viele Mitarbeiter sind sich darüber nicht bewusst, dass sie implizites Wissen in sich tragen (siehe 3.1.2.1). Dieses fehlende Bewusstsein wurde in der Fraunhofer Studie von 67,7 Prozent der Unternehmen als zweitgrößte Barriere des Wissensmanagements genannt,[164] und kann vor allem auf die implizite Dimension des Wissens bezogen werden. Ein weiteres großes Problem beim Transfer stellt die Einbettung in einen Kontext durch den Wissensinhaber dar. Vorher personengebundenes und in einen Kontext gesetztes Wissen soll transferiert werden. Wenn dieses vom Wissensnehmer aufgrund von fehlenden Erfahrungshintergründen nicht in den gleichen Kontext gesetzt werden kann wie beim Wissensgeber, ist ein erfolgreicher Transfer unmöglich. Noch schwerwiegender wird es, wenn der Wissensnehmer das implizite Wissen durch Interpretation anhand seines Vorwissens aufnimmt und in einen ganz anderen Kontext setzt. So kann Sinnvolles schnell an Wert verlieren und verloren gehen.[165] Generell kann der Charakter des impliziten Wissens als solches als eine Barriere für einen Wissenstransfer angesehen werden, da von nicht oder schwer transferierbarem Wissen gesprochen wird (siehe 3.1.2.1). Des Weiteren kann die Unfähigkeit des Wissensinhabers Wissen zu übertragen zu Problemen führen. Dies kann vor allem dann von Bedeutung sein, wenn für den Transferprozess wenig Zeit vorhanden ist. Bei älteren ausscheidenden Mitarbeitern kommt erschwerend hinzu, dass diese meist wenig Motivation haben sich mit einem Abschied aus dem Unternehmen zu beschäftigen und keine Notwendigkeit für einen Transfer von Wissen sehen.[166]

---

[164] Vgl. Bullinger/Warschat/Prieto/Wörner (1998), S. 17.
[165] Vgl. Nonaka/Takeuchi (1997), S. 26 und S. 146.
[166] Vgl. Pichler (2007), S. 23.

4.2 Voraussetzungen

Szulanski nennt vier Faktoren, die Einfluss auf einen erfolgreichen Transfer von implizitem Wissen haben: Das Wissen, welches transferiert werden soll, die Eigenschaften des Wissensgebers und des -nehmers sowie der Kontext, in welchem das Wissen ausgetauscht wird.[167] Diese führen zu wissensbezogenen, persönlichen und organisationalen Voraussetzungen, die nun näher skizziert werden.

Da implizites Wissen im Inneren einer Person verwurzelt ist, kann es nur transferiert werden, wenn es so gut wie möglich bewusst und sichtbar gemacht und dann durch mindestens eine Person über Beobachtung und Erleben aufgenommen wird.[168] Der Wissensinhaber muss somit fähig sein sich sein implizites Wissen bewusst zu machen und seine Handlungen zu reflektieren. Dies kann auch mit Hilfe eines Dritten passieren, beispielsweise durch einen Moderator. Zudem muss der Träger motiviert sein, Wissen zu teilen, was wiederum sehr stark durch die Unternehmenskultur beeinflusst wird. Neben einem kompetenten und motivierten Wissensgeber sind ein oder mehrere Wissensnehmer nötig, die sich implizites Wissen aneignen wollen, die Aufnahmefähigkeit besitzen, Informationen in den richtigen Kontext setzen und das Übertragene nicht in Frage stellen. Um Informationen in den korrekten Kontext zu setzen ist wiederum ein Erfahrungsschatz nötig. Wenn der Empfänger keinen Einblick in die Problemstellung hat, können Informationen nicht eingeordnet werden, und es handelt sich lediglich um einen Austausch von Informationen und nicht von implizitem Wissen. Besonders vorteilhaft ist es, wenn die Beteiligten die gleiche oder eine ähnliche Sprache sprechen. Das umfasst sowohl die Landessprache als auch Fachsprachen, beispielsweise Verfahrenstechnik oder Führung.[169]

Eine Transfer fördernde Unternehmenskultur ist die Basis für einen Austausch von implizitem Wissen, sowohl kurz vor Ausscheiden des Mitarbeiters als auch für einen konstanten Transfer innerhalb der Firma. Bei der Befragung dieser Studie bewerten 78 Prozent der Firmen die Unternehmenskultur als die wichtigste Voraussetzung für einen erfolgreichen

---

[167] Vgl. Szulanski (1996), S. 30 ff.

[168] Siehe 3.2.3.1

[169] Vgl. Davenport/Prusak (1998a), S. 198.

Transfer von implizitem Wissen.[170] Die Grundprämissen, der Charakter und Stil des Unternehmens,[171] müssen so aufgebaut werden, dass das Teilen von implizitem Wissen unter den Mitgliedern des Unternehmens gefördert wird. Dafür muss erstens Wissen als grundlegendes Gut betrachtet werden[172] und zweitens eine Kultur von Vertrauen und Kooperation vorhanden sein[173]. Dieses führt zu guten Beziehungen untereinander, was wiederum Dialoge, Kommunikation und Wissensaustausch unterstützt und fördert.[174] Insbesondere das Vertrauen zwischen älteren und jüngeren Mitarbeitern muss vorhanden sein sowie Wissen und Erfahrung besonders von älteren Arbeitnehmern anerkannt werden.

Eine Wissen fördernde Unternehmenskultur muss durch organisationale Rahmenbedingungen und Anreize unterstützt werden. Vor allem muss der Transfer von Wissen in der Unternehmensstrategie und in den Prozessen verankert werden. Außerdem sollte den Mitarbeitern für einen Austausch Raum und Zeit gegeben werden. Das Top-Management muss Initiator von Wissenstransferprozessen sein, diese unterstützen und vor allem auch den Austausch vorleben.[175] Bei ausscheidenden Mitarbeitern ist vor allem auch eine rechtzeitige Besetzung durch einen Nachfolger zwingend notwendig, um noch nicht transferiertes implizites Wissen zu übertragen.[176]

Ob und inwiefern Anreize eine Voraussetzung für den erfolgreichen Austausch von implizitem Wissen darstellen, kann nicht eindeutig herausgestellt werden.[177] Beim allgemeinen Transfer von Wissen, also vor allem auch dem explizitem, sind sich Autoren und Praktiker jedoch darüber einig, dass hochqualifizierte Mitarbeiter langfristig nicht durch Hygienefaktoren, wie beispielsweise monetäre Anreize, befriedigt werden.[178] Diese erzeugen höchstens Unzufriedenheit wenn sie nicht vorhanden sind, aber

---

170 Siehe Anhang 2 (Frage 18).
171 Vgl. Schein (1995), S. 25.
172 Vgl. Prange (2002), S. 200.
173 Vgl. Albrecht (1993), S. 219; vgl. Davenport (1998b), S. 200 f.
174 Vgl. Polanyi (1958), S. 210.
175 Vgl. von Krogh/Roos (1996), S. 425.
176 Vgl. North (1998), S. 205. Nonaka/Takeuchi (1997), S. 195 propagieren einen fließenden Personalwechsel.
177 Zu Anreizsystemen siehe Becker (1990), S. 8 ff.
178 Vgl. Sveiby (1998), S. 102.

führen nicht zu gestiegener Zufriedenheit, wenn sie vermehrt werden.[179] Wiig behauptet, dass ein erfolgreicher Wissenstransfer erst durch Motivation fördernde Elemente entstehen kann.[180] Diese sollten sich aber eher auf intrinsische Faktoren wie Anerkennung, Weiterbildungsmöglichkeiten und Verantwortung konzentrieren.[181] North weist darauf hin, dass Anreize das Miteinander fördern und unterstützen sollten. Derartige, die auf individuelle Leistungen und Erfolge bauen, sind jedoch ein Hindernis einer Austausch fördernden Kultur.[182] Schütt sieht gar in der Reputation, also dem Ansehen des Mitarbeiters, den größten Motivationsschub. Unternehmen sollten Formen anbieten, in denen diese durch den Mitarbeiter selbst gestärkt werden kann (als Beispiel wird personal file sharing genannt).[183] Darauf aufbauend werden vor allem intrinsische Motivationsfaktoren wie Anerkennung und Respekt als Voraussetzung für eine Konservierung betrachtet.

Viele Voraussetzungen überschneiden sich mit den in 4.1 genannten Barrieren. Grundlegend stellt der Abbau dieser eine weitere wichtige Voraussetzung für eine erfolgreiche Konservierung von implizitem Wissen dar.

4.3 Methoden nach Bausteinen

Um sich mit verschiedenen Methoden und Instrumenten für die Konservierung von implizitem Wissen auseinander zu setzen, werden die Bausteine des Wissensmanagements nach Probst et al. aufgegriffen.[184] Da es sich bei der Konservierung um den Erhalt und einen möglichen Transfer von Kontext handelt, werden insbesondere die Bausteine Wissens(ver)teilung und Wissensbewahrung konkretisiert. Zu Beginn wird zudem die Identifizierung von Wissensträgern als Bestandteil des Konservierungsprozesses betrachtet. Die übrigen Bausteine stellen für die Konservierung von implizitem Wissen keine erwähnenswerte Bedeutung dar.

4.3.1 Ziele

Während in Form von normativen Zielen eine Transfer fördernde Unternehmenskultur geschaffen und die Kommunikation unter den Mitarbei-

179 Vgl. Herzberg/Mausner/Snyderman (1959), S. 113 ff.
180 Vgl. Wiig (1997), S. 400 und S. 404.
181 Vgl. Sveiby (1998), S. 102; vgl. Prange (2002), S. 126.
182 Vgl. North (2002), S. 265.
183 Vgl. Schütt (2008b), S. 12.
184 Siehe 3.2.3.2.

tern verbessert werden soll, ist das strategische Ziel, konkret implizites Wissen als wichtige Ressource im Unternehmen zu betrachten und dessen Nutzung sowie Erhaltung zu stärken. Operativ soll vor allem jenes Wissen bewahrt werden, welches aufgrund von Pensionierung oder Kündigung vor einem Verlustrisiko steht. Neben einem Konservierungsprozess kurz vor Ausscheiden eines Mitarbeiters sollte implizites Wissen vor allem konstant transferiert werden. Dafür muss implizites Wissen und die Träger dessen erfasst werden sowie eine Weitergabe an andere Mitarbeiter stattfinden.

4.3.2 Wissensidentifikation

Eine frühzeitige und konstante Erfassung von Wissensträgern und von erfolgskritischem impliziten Wissen ist Voraussetzung für eine Konservierung. Wenn ein Unternehmen nicht weiß, von wem und was es erhalten soll, kann ein Transfer auch nicht vollzogen werden. Viele Firmen sehen meist erst welches Wissen ihnen fehlt, wenn ein Mitarbeiter weg ist.[185] Es zeigt sich, dass Unternehmen Schwierigkeiten haben, eine Aussage über ihre Mitarbeiter mit Know-how oder erfolgskritischem Wissen zu treffen. So glauben nach einer Studie von IBM nur 13 Prozent der Firmen sehr gut Mitarbeiter mit Know-how benennen zu können.[186] Die relativ geringe Quote wird vor allem darauf zurückzuführen sein, dass wenige Unternehmen eine Analyse ihrer Mitarbeiter mit erfolgskritischem Wissen durchführen. Nach einer Umfrage des Adecco Institute haben lediglich 30 Prozent der Unternehmen eine vollständige Analyse hierüber, 28 Prozent hingegen gar keine.[187] Im Zusammenhang mit älteren Mitarbeitern ist es zudem verwunderlich, dass nur 31 Prozent der Unternehmen komplette Daten über ihre Altersstruktur haben.[188] Somit können viele Firmen kaum Aussagen darüber treffen, wer zu welchem Zeitpunkt altersbedingt ausscheiden wird. Dies muss aber geschehen. Unternehmen müssen ihre Wissensinhaber und deren Ausscheidtag identifizieren. Bei Mitarbeitern mit Erfahrungswissen, die durch andere Gründe ausscheiden, sollte das Fluktuationsrisiko ebenfalls bewertet werden. Dies ist in den meisten Fällen durch Befragungen und Gespräche kalkulierbar. Nur solch ein „wissensorientiertes Fluktuationsmanagement"[189] kann Wissensverluste verringern.

---

[185] Vgl. Davenport/Prusak (1998a), S. 14 f.

[186] Vgl. IBM (2007), S. 11.

[187] Vgl. Adecco Institute (2006), S. 21.

[188] Vgl. Adecco Institute (2006), S. 25.

[189] Knaese/Probst (2001), S. 35.

Um Aussagen darüber zu tätigen, von welchen Mitarbeitern implizites Wissen konserviert werden soll, müssen sich Unternehmen damit auseinandersetzen, welches implizite Wissen wirklich wichtig für den Erfolg und die strategische Ausrichtung ist.[190] Je höher die Geschäftsrelevanz und die Komplexität der Tätigkeit sind, desto wichtiger ist das Wissen für das Unternehmen und desto mehr sollte der Erhalt dessen von Bedeutung sein.[191]

Die teilweise unbewusste Nutzung macht die Identifikation von implizitem Wissen für Unternehmen zu einer Herausforderung. In der Literatur und Praxis haben sich für die Identifikation und Darstellung von Wissensträgern sowie Wissen vor allem Wissenslandkarten etabliert. Je nach Unternehmen werden diese auch Knowledge Maps, Yellow Pages, Expertenverzeichnisse etc. genannt. Alle bieten die Möglichkeit in Mitarbeiterprofilen Kompetenzen, Qualifikationen sowie Erfahrungen abzubilden und für das gesamte Unternehmen sichtbar zu machen.[192] Die Visualisierung durch Wissenslandkarten kann in Form einer losen Blattsammlung, aber auch durch technologiegestützte Systeme, wie beispielsweise das Intranet, geschehen.[193]

Doch wer identifiziert nun das implizite Wissen? Eine Identifikation durch den Wissensträger in Fragebogen-Form scheint aufgrund der Implizitheit und der unbewussten Prozesse nicht möglich.[194] Um das implizite Wissen bewusst zu machen und zu kartieren, bedarf es mindestens einer weiteren Person. So scheinen vor allem Workshops und Diskussionen mit Hilfe direkter Beobachtung, Storytelling, Interviews und Brainstorming nützlich zu sein.[195]

---

190 Vgl. Schüppel (1996), S. 199.

191 Vgl. Groß/Manteuffel/Wend (2007), S. 10.

192 Vgl. Decker/John (2005), S. 83. Zu Yellow Pages siehe Götz/Schmid (2004), S. 15.

193 Vgl. von Guretzky, Bernhard: Schritte zur Einführung des Wissensmanagements: Wissenskarten – Gelbe - Seiten Teil B (15.03.2001). Online unter: http://www.community-of-knowledge.de/ cp_artikel_d.htm?artikel_id=39 (Abruf: 25.08.2008).

194 Vgl. Schütt (2000), S. 81.

195 Vgl. Schütt (2000), S. 102 ff. Zu Brainstorming siehe Casher/Lesser (2003), S. 15. Zu Interviews siehe Groß/Manteuffel/Wend (2007), S. 11.

4.3.3 Wissens(ver)teilung

In Anlehnung an die Bausteine von Probst et al. wird der Baustein Wissens(ver)teilung als Hauptkomponente für die Konservierung von implizitem Wissen angesehen. Im Folgenden werden Methoden, die zu einer kontinuierlichen sowie zu einer Konservierung kurz vor Ausscheiden eines Mitarbeiters führen können, betrachtet.

Technikorientierte Instrumente, die im Moment vor allem unter dem Begriff Web 2.0 beschrieben werden, stellen anscheinend eine Möglichkeit dar, „...informelles Wissen und persönliche Erfahrungen direkt aus dem Arbeitsprozess heraus für andere zugänglich zu machen"[196]. Vor allem Wikis und Blogs wird immer mehr Bedeutung zugemessen. Ob implizites Wissen mit Hilfe dieser Tools konserviert werden kann, ist bis zum jetzigen Stand nicht eindeutig. Mit Blick auf die Eigenschaften von implizitem Wissen kann Niedergeschriebenes aber eigentlich nicht solches Wissen ausmachen. Wikis helfen vor allem Transparenz über die Arbeit jedes einzelnen zu schaffen[197] sowie Mitarbeiter zu verbinden und so Interaktion, Zusammenarbeit und Dialog zu erleichtern[198]. Dies kann dann schließlich zur Schaffung von neuem implizitem Wissen führen. Unterstützt wird diese Aussage von einer kürzlich durchgeführten McKinsey-Befragung. Demnach dienen Web 2.0 Technologien neben dem Management von Wissen vor allem einer Verbesserung der Unternehmenskultur und der Zusammenarbeit unter den Mitarbeitern.[199] Die Studie zeigt aber auch, dass erst rund ein Drittel der Firmen überhaupt solche Technologien nutzen.[200] Zusammenfassend kann die Nutzung von Web 2.0 Tools einen positiven Einfluss auf die Konservierung von implizitem Wissen haben, aber keinen direkten Transfer ermöglichen.

4.3.3.1 Methoden für einen konstanten Transfer

Bei der Betrachtung von human-orientierten Methoden, die für eine konstante Konservierung von implizitem Wissen in Literatur und Praxis genannt und genutzt werden, stechen vor allem folgende Instrumente heraus und werden nachfolgend erläutert:

---

[196] Beck/Sommer (2007), S. 26.
[197] Vgl. Bergmann (2007), S. 115.
[198] Vgl. Hentschel (2008), S. 23; vgl. Peters/Stock (2007), S. 23.
[199] Vgl. Bughin/Manyika/Miller (2008), S. 3.
[200] Vgl. Bughin/Manyika/Miller (2008), S. 2.

- Meister-Lehrling-Prinzip
- Mentorenprogramm
- Gemischte Teams
- Informelle Treffen, räumliche Gestaltung und Job-Rotation
- Diskussionsrunden und Meetings
- Communities of Practice

Da die Möglichkeit einer Externalisierung von implizitem Wissen ausgeschlossen wurde, können nur Methoden der Sozialisation und Internalisierung für eine Konservierung Erfolg versprechend sein. In diesem Zusammenhang stellt das **Meister-Lehrling-Prinzip** eine Möglichkeit dar. Diese wurde schon von Polanyi als „...Herzstück des Versuchs, implizites Wissen zu vermitteln..."[201] angesehen. Innerhalb dieser Zusammenarbeit muss der Lehrling durch Beobachtung und Nachahmung des Meisters versuchen sich das implizite Wissen des Meisters selbst anzueignen. Die Aufgabe des Meisters besteht im „...Zeigen und Vorzeigen, Beobachten, Beraten, Fragen, Evaluieren und Rückmelden"[202]. Der Lehrling muss das Vorgemachte mit Hilfe von Vorwissen richtig verknüpfen und in den rechten Kontext setzen, damit daraus Wissen und vor allem implizites Wissen gebildet werden kann.[203] Für diesen Prozess ist eine enge Beziehung zwischen den beiden Teilnehmern wichtig. Der Lehrling sollte Respekt vor dem Meister haben und der Meister die Motivation, die Nachwuchskraft bei der Schaffung von eigenem implizitem Wissen zu unterstützen. Die wichtigste Grundlage für den Erfolg des Meister-Lehrling-Prinzips stellt jedoch das Erlernen im realen Prozess, im Kontext der Anwendung des Meisters dar.[204]

Eine dem Meister-Lehrling-Prinzip sehr ähnliche Methode ist das **Mentoring**. Es richtet sich nicht nur speziell auf die Übertragung von fachlichem implizitem Wissen, sondern dient vor allem der persönlichen und beruflichen Entwicklung von Nachwuchskräften, den Mentees, durch Unterstützung eines Mentors. Die Beziehung kann zu einem Erfahrungsaustausch sowie einer Übertragung von informellen Wissen und Netzwerken inner-

---

201 Neuweg (1999), S. 378.
202 Neuweg (1999), S. 379.
203 Vgl. Pichler (2007), S. 20 f.
204 Vgl. Fischer (2007), S. 316.

halb eines Unternehmens führen.[205] Ähnlich dem Meister-Lehrling-Prinzip wird mit Hilfe von Beobachtung, Erleben und Reflexion implizites Wissen im Mentee entwickelt. Neben der Identifizierung von kommenden Führungskräften stellt ein Mentorenprogramm eine Möglichkeit dar, implizites Wissen bei nachfolgenden Generationen zu entwickeln. Diese Methode kann sehr zeit- und arbeitsintensiv sein.[206]

Während mit den eben beschriebenen Mitteln versucht wird, bewusst einen Transfer von implizitem Wissen zu erreichen, werden nun Methoden betrachtet, die vielmehr einen Rahmen für Zusammentreffen von Mitarbeitern bieten und so den unbewussten Austausch von implizitem Wissen fördern. Insbesondere die sich ergänzenden Eigenschaften und Merkmale von jüngeren und älteren Mitarbeitern (siehe 2.6.3) lassen **gemischte Teams** als eine ideale Arbeitsgemeinschaft für einen regen Wissensaustausch zu. Jüngere Mitarbeiter können durch Beobachten und Imitation implizites Wissen bilden und ältere Mitarbeiter können sich aktuelles Fachwissen der Jüngeren aneignen und ihr eigenes Wissen zudem reflektieren, um daraus dann wieder neues implizites Wissen zu schaffen. Um ein möglichst großes Austauschpotential zu nutzen, können Teams auch nach Geschlecht, Herkunft, Ausbildung etc. zusammengestellt werden. Im Zuge der wachsenden Anzahl älterer ausscheidender Arbeitnehmer scheinen aber altersgemischte Teams ein adäquates Mittel zu sein, um implizites Wissen langfristig an nachfolgende Generationen weiterzureichen. Voraussetzung dafür ist wieder eine Unternehmenskultur, in der Vertrauen und Respekt gegenüber älteren Mitarbeitern gegeben sind, und in welcher Teams Zeit bekommen, sich zu entwickeln.[207]

Weiterhin fördern **informelle Treffen**, wie zum Beispiel ein Feierabendbier[208] oder Kaffee-Ecken, Sportclubs und Firmenausflüge[209] einen informellen Austausch von Wissen. Blogs und Wikis scheinen langsam einen ähnlichen Status einzunehmen.[210] Da aber erst ein Drittel der Unterneh-

---

205 Vgl. Fischer (2007), S. 331 f.

206 Vgl. Casher/Lesser (2003), S. 12 f.

207 Vgl. North (2008), S. 11.

208 Vgl. Erfahrung des Autors aus einem Praktikum bei Rambøll Management von Juni bis September 2006.

209 Vgl. Auer (2002), S. 4.

210 Vgl. Lorenzen, Ralf: Vom Kollegen Lernen. Web 2.0 ist das Megathema der Learntec in Karlsruhe (30.01.2008). Online unter:

men solche Technologien nutzen, stellen informelle Treffen weiterhin ein passendes Mittel dar Wissen informell auszutauschen. Einen weiteren positiven Einfluss auf einen Wissenstransfer kann die **räumliche Gestaltung** haben.[211] Offene Büros laden zu informellen Gesprächen mit Kollegen ein, um so möglicherweise implizites Wissen auszutauschen und neue Kontakte zu knüpfen. Besonders Großraumbüros führen zu einem regen Wissensaustausch, in dem auch implizites Wissen unbewusst transferiert wird.[212] **Job-Rotation** wurde als Instrument für einen Wissenstransfer in einer Umfrage als nicht sehr beliebt bewertet, [213] und stellt für den Autor somit auch keine ideale Methode für einen impliziten Wissenstransfer dar.

Interne Diskussionsrunden und Meetings können innerhalb von Schulungen, Konferenzen und Workshops stattfinden und Mitarbeiter aus allen Abteilungen und Hierarchien zusammenbringen und durch Diskussion einen Austausch fördern. So kann bei den Teilnehmern wiederum neues implizites Wissen gebildet werden. Bei der Unternehmensberatung dirffferent finden beispielsweise acht Mal im Jahr Projekt-Vorstellungs-Meetings statt, in denen sich die Berater über ihre Arbeit austauschen, über Schwierigkeiten diskutieren und so Know-how an ihre Kollegen weitergeben.[214]

Eine Erweiterung von internen Diskussionsrunden sind **Communities of Practice** (CoPs). Weil sie im Zusammenhang mit der Schaffung von implizitem Wissen in der Literatur oft zu finden sind, werden sie im Folgenden etwas detaillierter dargestellt. Ein solches Netzwerk besteht aus einer

> „...Gruppe von Personen, die inhaltlich durch ein gemeinsames Interesse, eine gemeinsame Tätigkeit oder ein gemeinsames Bestreben sowie durch soziale Beziehungen und gemeinsame Werte miteinander verbunden sind. Im Zentrum der Aktivitäten von Communities of Practice stehen der Austausch von Ideen, Einsichten und Erkenntnissen, das gemeinsame Lernen sowie die gegenseitige Hilfe und Unterstützung."[215]

---

http://www.heute.de/ZDFheute/inhalt/19/0,3672,7152947,00.html (Abruf: 02.02.2008).

[211] Vgl. North (2007), S. 19.

[212] Vgl. Apgar (1998), S. 60.

[213] Vgl. Augenstein/Monjau (2008), S. 4.

[214] Vgl. Porath (2008), S. 34.

[215] Henschel (2001), S. 48 (im Original kursiv).

Die Definition zeigt, dass das wichtigste Merkmal dieser informellen Gruppe das gemeinsame Lernen sowie der Erfahrungsaustausch ist. Weitere Charakteristika, welche CoPs auszeichnen sind:[216]

- Freiwillige Teilnahme
- Selbst organisierend
- Informalität
- Persönliche Basis der Beziehungen der Mitglieder
- Vertrauen
- Gemeinsames Interesse und Ziel
- Identifikation, Generierung und Austausch von Wissen
- Persönliche Interaktion
- Hohes Engagement der Mitglieder
- Mitglieder aus verschiedenen Organisationseinheiten und von extern

Die beschrieben Voraussetzungen für eine erfolgreiche Konservierung in 4.2 lassen sich sehr gut auf CoPs übertragen. Mit der Schaffung der Voraussetzungen sind optimale Bedingungen für die Bildung von CoPs gegeben. Vor allem ist eine Unternehmenskultur nötig, in der Vertrauen, Offenheit und Zusammenarbeit gefördert werden. Des Weiteren sollte den Mitarbeitern Raum, Zeit und Ressourcen zur Verfügung gestellt werden, um eine CoP aufzubauen und zu führen. Das Bewusstmachen von implizitem Wissen wird innerhalb der CoP durch die Interaktion der Mitglieder erzielt. Die fehlende Aufnahmefähigkeit des Wissensnehmers wird vor allem dadurch entschärft, dass sich meist Personen mit ähnlichen Erfahrungshintergründen zusammenfinden und die Mitglieder durch ihr hohes Engagement versuchen, den anderen so gut wie möglich das Wissen zu vermitteln. Zusätzlich ist für eine erfolgreiche Aufnahmefähigkeit der Austausch von Wissen in der realen Umgebung von Bedeutung. Durch die Einbettung in den Arbeitsalltag wird ein Transfer des Kontextwissens sichergestellt, der notwendig ist, um das transferierte implizite Wissen korrekt aufzunehmen und anzuwenden.[217] Dieser Kontext wird mit dem Erzählen von Anekdoten und Geschichten, auch Storytelling genannt,[218]

---

[216] Vgl. Wenger/Snyder (2000), S. 140 ff.; vgl. Lehner (2006), S. 205.
[217] Vgl. Henschel (2001), S. 47.
[218] Vgl. Henschel (2001), S. 61.

anderen bewusst gemacht und ist somit Grundlage für die Schaffung von implizitem Wissen bei anderen Mitgliedern[219].

Da Freiwilligkeit, Informalität und Selbstorganisation Grundmerkmale von CoPs sind, scheint eine direkte Steuerung durch das Top-Management kontraproduktiv.[220] Der Anspruch bestimmtes implizites Wissen von Mitgliedern an eine bestimmte Gruppe zu transferieren, stellt die Basis von CoPs in Frage. Sie können nicht implementiert werden, sondern müssen sich selbst finden. Das Top-Management kann dies fördern, in dem Rahmenbedingungen geschaffen werden, die CoPs ermöglichen und unterstützen.[221] Dies kann sich beispielsweise in der Suche nach potentiellen Mitgliedern, Anerkennung der Arbeit und Schaffung von Freiheiten äußern.[222] Grundsätzlich sollten Unternehmen CoPs deshalb als eine von mehreren Methoden für einen Transfer betrachten. Sie bieten ideale Bedingungen, um Personen zusammenzubringen und ein Bewusstsein über implizites Wissen innerhalb von Unternehmen zu schaffen sowie Netzwerke zu bilden.[223]

Es ist kritisch zu betrachten, inwiefern ältere Mitarbeiter, die das Unternehmen bald verlassen, in CoPs integriert werden können. Sie können jedoch eine Möglichkeit darstellen schon ausgeschiedene Mitarbeiter (auch jüngere) weiter an die Firma zu binden, wenn sich darauf gestützt wird, dass Mitglieder auch von außerhalb des Unternehmens kommen können. Eine große Herausforderung stellt die fehlende Erfolgsbewertung eines Wissenstransfers durch CoPs dar. Lediglich eine Messung von Teilnehmerzahlen und eine Zufriedenheitsanalyse könnten einen Trend angeben.[224]

4.3.3.2 Methoden für einen Transfer kurz vor Ausscheiden

In Ergänzung zu den genannten konstanten Transferinstrumenten finden sich in der Praxis kaum Ansätze, die sich auf die Konservierung von implizitem Wissen kurz vor dem Ausscheiden eines Mitarbeiters konzentrieren. Übergabeprotokolle und -listen sowie Einarbeitungspläne können

---

219 Vgl. Renzl (2003), S. 94 ff.
220 Vgl. Lehner (2006), S. 207.
221 Vgl. Wenger/Snyder (2000), S. 140.
222 Vgl. Lehner (2006), S. 207.
223 Vgl. Lehner (2006), S. 207.
224 Vgl. Schreiber/Becker (2007), S. 17.

nur explizites Wissen darstellen (siehe 3.1.2.1). Die Befragung in Kapitel 5 zeigt, dass diese Form der Weitergabe jedoch häufig genutzt wird. Für die Konservierung von implizitem Wissen ist sie aber nicht relevant. Da Wissen durch die Interaktion von Menschen geschaffen wird, stellen lediglich persönliche Übergabegespräche eine Möglichkeit dar, Wissen von ausscheidenden Mitarbeitern an einen Nachfolger oder eine Nachfolgegruppe weiterzureichen und für das Unternehmen zu bewahren.[225]

Aus der Praxis lassen sich insbesondere die **Wissensstafette**[226] und das **Leaving Expert Debriefing** (LED) als solche moderierte Übergaben hervorheben. Beide Methoden ähneln sich; das LED wird im Folgenden am Beispiel der Schaeffler KG näher dargestellt und betrachtet. Die Ausführungen stützen sich auf eine Projektbeschreibung[227] und ein durchgeführtes Interview mit Frau Karin Hartmann[228], die für die Anwendung der Methode in der Schaeffler KG verantwortlich ist. Kurz zum Hintergrund: die demografische Entwicklung wird in den nächsten zehn Jahren auch bei der Schaeffler KG dazu führen, dass zahlreiche Mitarbeiter mit Erfahrungswissen ausscheiden. Um dieses Wissen systematisch zu bewahren, wurde die Methode Ende 2005 erstmals getestet und hat sich heute im Unternehmen etabliert.

In einem Vorgespräch zwischen Vorgesetzten, dem ausscheidenden Mitarbeiter sowie einem Prozessbegleiter, der als Moderator fungiert, wird zunächst der Rahmen für ein LED abgesteckt (Zeitraum, Teilnehmer). Danach wird mit dem Experten eine Jobmap des ausscheidenden Mitarbeiters erstellt, in der Aufgaben, Arbeitshistorie, Wissensobjekte, Ansprechpartner und Kontakte benannt werden (eigentlich dem Baustein Wissensidentifizierung zuzuordnen). Im nächsten Schritt wird diese Eigensicht des Experten in 360-Grad-Gesprächen von fünf bis sieben Personen aus dem Unternehmen (beispielsweise Vorgesetzten, Kollegen, anderen Experten und Mitarbeitern) diskutiert und ergänzt. Ziel ist es Erfahrungen und Kenntnisse anderen Experten und Mitarbeitern zu kommunizieren. Sollte innerhalb der 360-Grad-Gespräche die Notwendigkeit für

[225] Vgl. Michel (2006), S. 7.

[226] Für die Wissensstafette bei VW siehe Haarmann/Burski (2003), S. 40 f. Für die Wissensstafette bei voestalpine siehe Mittelmann/Schatzl (2006), S. 98 ff.

[227] Vgl. Seren/Dückert (2006).

[228] Vgl. Telefonisches Interview, geführt vom Verfasser mit Frau Karin Hartmann, Spezialistin Wissensmanagement bei der Schaeffler KG, am 25.08.2008.

weitere Bewahrungsmaßnahmen bestehen, so finden zusätzlich Workshops, Vorlesungen oder Schulungen zu Wissensschwerpunkten des Experten statt. Teilweise werden zudem Foto-Serien und Podcasts von Arbeitsabläufen angefertigt, um möglichst das komplette Wissen zu konservieren. Für jede in der Jobmap beschriebe Aufgabe sollte anschließend ein Nachfolgebesitzer ernannt werden.

Die Methode wird in der Schaeffler KG als Support-Funktion angeboten und soll von den Abteilungen und Personalreferenten in Anspruch genommen werden. Diese nennen Personen, die in naher Zukunft ausscheiden und bei denen ein LED stattfinden soll. Vor allem von Experten, die altersbedingt aus dem Unternehmen ausscheiden, soll durch die Methode Wissen bewahrt werden. Bei diesem Personenkreis wird versucht, ein LED ein bis zwei Jahre im Voraus zu planen und anzugehen. Bei arbeitnehmerinitiierten Kündigungen wird meist nicht das komplette Verfahren angewendet. Erstens verfügen diese Mitarbeiter nicht über so erheblich relevantes Erfahrungswissen, weil sie nicht Jahrzehnte im Unternehmen angestellt waren, und zweitens fehlt es häufig an einem vorhandenen Nachfolger und an Zeit. Die Mitarbeiter sind oft bis zum letzten Tag eingebunden und Nachfolger stehen häufig erst ein paar Monate nach dem Ausscheiden fest. In diesen Fällen wird meist nur die Jobmap erstellt sowie ein Fragebogen formuliert und beantwortet. Diese dienen dann einem ersten Überblick über Netzwerke, Abläufe, inoffizielle Abmachungen und wo welche Dokumente zu finden sind.

Nach einer Schätzung von Karin Hartmann ist in weniger als 50 Prozent der durchgeführten LEDs ein Nachfolger bereits bekannt und vorhanden. Dies liegt vor allem an Zeitknappheit und daran, dass viele Stellen, besonders von älteren Mitarbeitern, oft nicht wieder neu besetzt werden, sondern in Form von Restrukturierungsmaßnahmen auslaufen. Wenn ein lang an das Unternehmen gebundener Mitarbeiter die Firma verlässt und kein Nachfolger vorhanden ist, kann ein Unternehmen durch ein LED versuchen, Wissen zu konservieren. Es muss aber im Interesse des Mitarbeiters sein, dass das Wissen konstant über seine Beschäftigungszeit mit Kollegen geteilt wird. Aus Sicht der Schaeffler KG stellt die Methode deshalb auch nur „...ein Hilfsmittel [...], das es in einer 'idealen Lernenden Organisation' nicht mehr geben sollte"[229] dar. Befragt nach Beispielen für implizites Wissen, hat Karin Hartmann vor allem interne Abläufe, Netz-

[229] Seren/Dückert (2006), S. 249.

werke und Ansprechpartner genannt. So ist dies beispielsweise Wissen darüber, welchen Personen für ein Projekt Verantwortung übertragen werden sollte, wer besser mit anderen Aufgaben betraut wird oder welche Umgangsformen mit einzelnen Mitarbeitern und Kunden zu pflegen sind.

Die beschriebenen Methoden sind eine Möglichkeit implizites Wissen zwischen den Mitarbeitern konstant und zwischen einem Wissensinhaber und Nachfolgern kurz vor einem Ausscheiden zu transferieren. Sie alle ermöglichen eine Interaktion zwischen den Menschen, welche grundlegend für die Schaffung von neuem Wissen ist. Inwiefern sie in der Praxis angewendet werden und welche den größten Erfolg versprechen, wird die Befragung zeigen. Mit Blick auf ältere Ausscheidende dienen nach einer Studie der Unternehmensberatung Capgemini insbesondere die Zusammenarbeit und geregelte Übergabegespräche zwischen Wissensinhaber und Nachfolger der Wissenserhaltung.[230] Bei älteren Mitarbeitern zeigt sich zudem, dass es positiv aufgenommen wird, wenn sie ihr Wissen an nachfolgende Generationen weitergeben können. Sie fühlen sich wert geschätzt und entwickeln Stolz. [231] Dies ist eine wichtige Voraussetzung für eine aussichtsreiche Weitergabe und Konservierung.

4.3.4 Wissensbewahrung

In diesem Abschnitt werden vor allem Methoden für eine Konservierung von implizitem Wissen durch eine verlängerte Bindung an das Unternehmen nach Ausscheiden aufgrund von Pensionierung betrachtet. Die allgemeine Mitarbeiterbindung bleibt außen vor (Thema des Retention Managements). In 2.6.3 wurde deutlich, dass ältere Mitarbeiter vor allem über Lebens- und Berufserfahrung, Konfliktfähigkeit sowie Menschenkenntnis verfügen. Zudem funktioniert das Langzeitgedächtnis bei diesem Personenkreis sehr gut. Ideale Voraussetzungen also, um nach dem Ausscheiden das Unternehmen noch zu unterstützen.

Der phasenweise Übergang in den Ruhestand[232] ist eine Möglichkeit, Mitarbeiter länger an das Unternehmen zu binden und ihre Erfahrung durch Teilzeitarbeit oder auf Projektbasis weiter zu nutzen. Graue Beraterstäbe,

---

[230] Vgl. Capgemini (2007), S. 20.

[231] Vgl. Engert/Sebold (2005), S. 360.

[232] Vgl. Staudinger/Kühler (2006), S. 13.

die sich aus ausgeschiedenen erfahrenen Mitarbeitern zusammensetzen und die Firmen bei bestimmten Themen weiterhin beraten, stellen ein Beispiel dieser Weiterbeschäftigung dar.[233] So hat ABB Schweiz etwa eine eigene Beratungsgesellschaft gegründet, in der ausgeschiedene Mitarbeiter eingesetzt werden und in den unterschiedlichsten Feldern für die ABB Schweiz aktiv sind.[234] Eine weitere Möglichkeit frühere Mitarbeiter an das Unternehmen zu binden, ist die Beschäftigung als Trainer, Coach oder Mentor (siehe auch 4.3.3.1). Des Weiteren helfen Ehemaligen-Netzwerke (Alumni-Klubs), in denen sich beispielsweise bei Treffen über Themen ausgetauscht wird und dem Unternehmen Ratschläge gegeben werden können.[235] Solche Netzwerke dienen aber auch häufig dazu, den Kontakt zu ausgeschiedenen Mitarbeitern zu halten und sie möglicherweise um Unterstützung zu fragen, falls ihr nicht transferiertes Wissen im Unternehmen wieder gebraucht wird.[236]

4.4 Zusammenfassung

Dieses Kapitel hat gezeigt, dass es Methoden gibt, die eine Bewahrung von implizitem Wissen möglich machen können. Eine Konservierung kurz vor dem Ausscheiden eines Mitarbeiters wurde anhand der Methode Leaving Expert Debriefing veranschaulicht. Inwiefern diese erfolgreich sein kann, ist nicht eindeutig klar zu stellen und abhängig davon, ob die genannten Rahmenbedingungen vorhanden sind und etwaige Barrieren ausgeräumt wurden. Wenn dies der Fall wäre, ist auch ein konstanter Transfer von implizitem Wissen möglich. Ein Unternehmen würde dadurch nicht in die Situation kommen, das Wissen von erfahrenen Mitarbeitern in den letzten Tagen noch auf andere Personen übertragen zu müssen oder gar mit dem Ausscheiden zu verlieren.

Mit Hilfe der Bausteine konnte eine abstrakte Auseinandersetzung mit der Konservierung geschaffen werden. Die Identifikation von erfolgskritischem implizitem Wissen und deren Trägern ist notwendig, um dieses im Unternehmen zu bewahren. Es muss zudem ein Bewusstsein darüber vorhanden sein, welcher Mitarbeiter zu welchem Zeitpunkt ausscheiden

---

233 Vgl. o.V.: Graue Beraterstäbe (ohne Erstelldatum). Online unter: http://shop.prowis.net/Plone/kurzinformationen/kgraueberaterstaebe (Abruf 14.08.2008).

234 Vgl. Probst/Raub/Romhardt (2006), S. 199 f.

235 Vgl. Bundesministerium für Wirtschaft und Technologie (2007), S. 22 f.

236 Vgl. Wächter/Bernhard (2006), S. 119.

kann und wird. Im Baustein (Ver)teilung scheinen vor allem solche Methoden hilfreich, die Mitarbeiter zusammen bringen und einen Dialog untereinander fördern. So erweist sich das Meister-Lehrling-Prinzip als eine ideale Möglichkeit Wissen von erfahrenen Mitarbeitern auf Nachwuchskräfte zu konservieren. Gemischte Teams, eine gute räumliche Gestaltung und vor allem Communities of Practice können ebenfalls für eine langfristige Konservierung nützlich sein. Obwohl in diesem Zusammenhang fast ausschließlich nicht technische Instrumente betrachtet wurden, können Web 2.0 Tools, wie etwa Intranet und Podcasts, einen positiven Einfluss auf einen Austausch haben und eine Konservierung unterstützen. Bei älteren Mitarbeitern scheint eine verlängerte Bindung an das Unternehmen eine weitere Möglichkeit zu sein, implizites Wissen zu bewahren.

Die Ausführungen in diesem Kapitel sind Grundlage für die Unternehmensbefragung in Kapitel 5. Die Ergebnisse werden klar stellen, ob eine Konservierung von implizitem Wissen in der Praxis stattfindet und möglich ist. Des Weiteren wird sich zeigen, welche Methoden für einen konstanten und einem Transfer kurz vor Ausscheiden Anwendung finden.

5 Befragung von Unternehmen

Studien sowie Statistiken, die sich auf die Konservierung von implizitem Wissen bei ausscheidenden Mitarbeitern konzentrieren, sind in der Literatur nicht auszumachen. Um Einsichten und einen klaren Stand diesbezüglich in Unternehmen zu gewinnen, wurde aufbauend auf die erarbeiteten Erkenntnisse in den vorangegangenen drei Kapiteln zu diesem Thema eine Befragung von Firmen erstellt und durchgeführt. Nach einer Beschreibung der Ziele und der Konzeption der Befragung werden die Ergebnisse im Detail dargestellt.

5.1 Ziel der Befragung

Intention der Umfrage ist, Informationen über die Präsenz und Bedeutung der Konservierung von implizitem Wissen in Unternehmen bei ausscheidenden Mitarbeitern zu gewinnen. Ein weiterer Aspekt ist es, Angaben über verwendete Methoden und Instrumente sowie Voraussetzungen und Herausforderungen für eine erfolgreiche Konservierung zu erlangen. Außerdem wird untersucht, welche Form des impliziten Wissens nach Meinung der Befragten besonders wichtig für den Erfolg von Unternehmen und welche Person in der Firma für den Transfer von implizitem Wissen verantwortlich ist.

5.2 Konzeption und Durchführung

Die Befragung führt mit einem allgemeinen Einstieg an die Thematik heran. Nach Aspekten zum Unternehmen, zur Fluktuation und zum Wissensmanagement folgen Fragen zur Konservierung impliziten Wissens. Insgesamt beinhaltet die Erhebung 26 Fragen, welche teilweise Unterpunkte enthalten. Neben singulären Antwortmöglichkeiten sind vor allem auch Mehrfachnennungen und Einschätzungsfragen auf einer Polaritätsskala Bestandteil der Untersuchung. Dabei wird nach Möglichkeit versucht immer das komplette Antwortspektrum abzudecken sowie bei Polaritätsfragen durch die Verwendung einer Vierer-Skala eine häufige Nutzung der mittleren Antwortmöglichkeit zu verhindern.[237] Insgesamt wurden 125 Unternehmen aller Größen und Branchen, in Person des Personalleiters oder des Verantwortlichen für Wissensmanagement, persönlich

[237] Zur Gestaltung von Online-Umfragen vgl. o.V.: Anleitungen & Leitfäden (ohne Erstelldatum). Online unter: http://www.2ask.de/orbiz/DigiTrade/d24d5573be45d0771e8370990c1e9ab2/Anleitungen-und-Leitfaeden--375d.html (Abfrage: 01.06.2008).

per Telefon und/oder per E-Mail auf die Umfrage aufmerksam gemacht. Die zu Befragenden wurden durch persönliche Beziehungen, durch Kontakte von Prof. Dr. Karlheinz Schwuchow von der Hochschule Bremen sowie über die Netzwerk-Plattform XING[238] hergestellt. Zudem wurde in den Foren der XING-Gruppen *Knowledge Management* sowie *Wissensmanagement* jeweils ein Artikel mit dem Link der Befragung eingestellt.[239] Neben der Online-Teilnahme gab es die Möglichkeit, die Umfrage telefonisch oder per E-Mail durchzuführen, wovon drei beziehungsweise eine Person(en) Gebrauch gemacht haben. An der Befragung konnte vom 29.06.2008 bis zum 11.07.2008 teilgenommen werden.[240]

5.3 Ergebnisse der Befragung

Insgesamt haben in dem oben genannten Zeitraum 50 Unternehmen den Fragebogen zu mindestens 95 Prozent ausgefüllt. Bei 125 kontaktierten Unternehmen ergibt dies eine Rücklaufquote von 40 Prozent. In dieser Betrachtung fehlen aber die nicht zu beziffernden kontaktierten Personen durch Weiterleiten der Anfrage an andere Personen und durch den Artikel in den XING-Gruppen.[241] Selbst wenn von 250 kontaktierten Unternehmen ausgegangen wird, ist dies im Vergleich mit ähnlichen Umfragen eine immer noch hohe Rücklaufquote.[242] Dies wird sowohl auf die engen Beziehungen zu den Kontakten als auch auf das große Interesse am Thema der Befragung zurückgeführt. Mit 50 befragten Unternehmen sind aus Sicht des Autors valide Aussagen zur Problemstellung der Studie möglich.

5.3.1 Fragen zum Unternehmen

Die ersten fünf Fragen beziehen sich auf generelle Angaben zum Unternehmen. Neben einer Charakterisierung der Teilnehmer ermöglichen sie im Verlauf eine detaillierte Betrachtung von Ergebnissen nach verschiedenen Kategorien, beispielsweise Branche oder Unternehmensgröße. Für letztere werden die Mitarbeiterzahl und der Umsatzerlös betrachtet. Die Antwortmöglichkeiten der Umfrage und die Einteilung leiten sich aus Definitionen der Europäischen Kommission und dem Institut für Mit-

---

238 Siehe online unter: http://www.xing.com

239 Siehe Gruppen online unter: https://www.xing.com/net/knowledgemanagement/ und https://www.xing.com/net/wm/.

240 Die komplette Umfrage ist in Anhang 1 und die Ergebnisse in Anhang 2 zu finden.

241 Im Umfragezeitraum wurden die Artikel in der Gruppe „Knowledge Management" von 134 und in der Gruppe „Wissensmanagement" von 55 Mitgliedern aufgerufen.

242 Vgl. Capgemini (2007) mit 12 Prozent; vgl. Augenstein/Monjau (2008) mit 2,24 Prozent.

telstandsforschung (IfM) Bonn ab.[243] Innerhalb dieser Studie werden kleine Unternehmen mit weniger als 10 Mitarbeiter und bis zu zwei Millionen Euro Umsatzerlös, mittlere Unternehmen mit 10 bis 499 Mitarbeiter sowie 2,1 bis 50 Millionen Euro Umsatzerlös, und große Unternehmen mit mehr als 500 Mitarbeiter und mehr als 50 Millionen Euro Umsatzerlös definiert. Der Großteil der Umfrageteilnehmer, 66 Prozent, beschäftigt mehr als 500 Mitarbeiter. Auch nach Umsatzerlös sind die großen Unternehmen in der Mehrzahl an der Umfrage beteiligt. Mittlere Unternehmen machen nach Mitarbeiterzahl mit 30 Prozent die zweitgrößte Gruppe aus (siehe Abbildung 15).

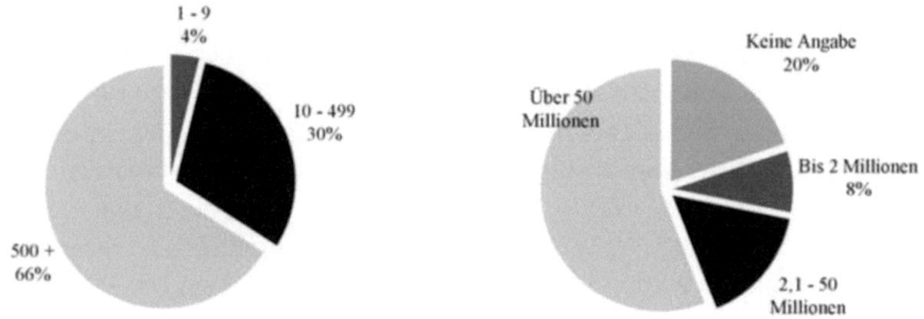

Abbildung 15: Umfrageteilnehmer nach Mitarbeiterzahl (links) und nach Umsatzerlös in Euro (rechts)

[243] Vgl. Europäische Kommission (2006), S.14; vgl. Institut für Mittelstandsforschung Bonn: IfM Bonn Mittelstandsdefinition (ohne Erstelldatum). Online unter http://www.ifm-bonn.org/index.php?id=89 (Abruf: 01.06.2008).

Die Unterteilung der Umfrageteilnehmer nach Branche in Abbildung 16 zeigt, dass Firmen aus den unterschiedlichsten Bereichen teilgenommen haben. Unternehmensberatungen und Fahrzeugbauunternehmen stellen hierbei die größte Gruppe der Teilnehmer.

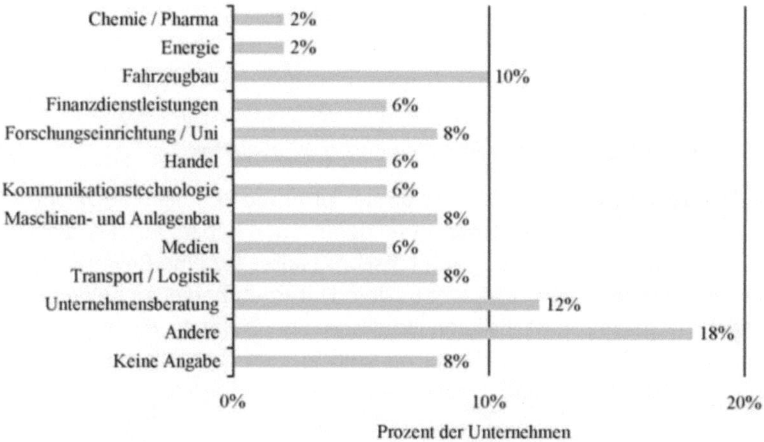

Abbildung 16: Umfrageteilnehmer nach Branche

Die Betrachtung des Durchschnittsalters der Mitarbeiter kann Aufschluss darüber geben, wie ein Unternehmen altert. In den nächsten Jahren wird sich das Durchschnittsalter der Firmen in Deutschland kontinuierlich steigern, da im Allgemeinen weniger junge Arbeitskräfte nachkommen und die jetzigen Mitarbeiter in Zukunft durch die Erhöhung des Renteneintrittsalters länger arbeiten müssen. Abbildung 17 veranschaulicht die Unternehmen nach dem Durchschnittsalter ihrer Beschäftigten. Die Firmen sind relativ gleichmäßig auf die unterschiedlichen Altersklassen verteilt; nur in der Altersklasse 42 bis 44 Jahre sind mit 32 Prozent verhältnismäßig viele Unternehmen präsent.

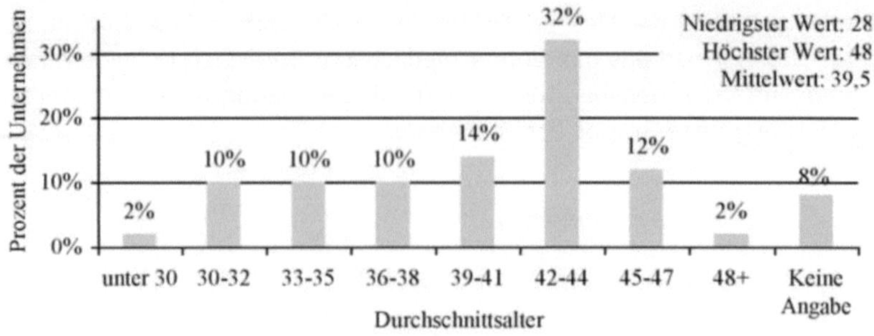

Abbildung 17: Umfrageteilnehmer nach Durchschnittsalter der Arbeitnehmer

Die Darstellung verdeutlicht, dass an der Umfrage vor allem auch Unternehmen mit älteren Belegschaften teilgenommen haben. Es muss darauf hingewiesen werden, dass das Durchschnittsalter für eine Bewertung, in wie weit demnächst Mitarbeiter aus dem Unternehmen ausscheiden, mit Vorsicht zu genießen ist. Es kann lediglich einen Trend anzeigen. Konkrete Angaben über Ausscheidende müssen in einer detaillierten Darstellung, wie etwa der von ABB Deutschland in 2.6.2, erfolgen.

Im weiteren Verlauf der Umfrageauswertung werden vereinzelt Ergebnisse nach Mitarbeiterzahl verglichen. Dies ist möglich, weil alle Unternehmen eine Antwort dazu gegeben haben (beim Umsatzerlös hingegen nicht). So können Unternehmen mit mehr als 500 Mitarbeitern (66 Prozent) sowie mit weniger als 500 Beschäftigten (34 Prozent) gut gegenübergestellt werden. Eine Unterscheidung nach Branche wäre bedingt möglich, da Umfrageteilnehmer aus den diversen Bereichen kommen.

5.3.2 Demografische Situation und Fluktuation

In Kapitel 2 wurde dargestellt, dass in den nächsten zehn Jahren mehr als fünf Millionen Arbeitnehmer aufgrund von Pensionierung aus dem Berufsleben ausscheiden. Innerhalb der Umfrage wird in Bezug zur Konservierung von Wissen geklärt, ob Unternehmen auf den demografischen Wandel eingestellt sind. Abbildung 18 macht deutlich, dass 68 Prozent der Unternehmen eine Aussage darüber treffen können, wie viele ihrer Mitarbeiter in den nächsten Jahren in Rente gehen. Dies ist eine wichtige Bedingung, um eine rechtzeitige Konservierung von implizitem Wissen einzuleiten. Unternehmen, die über keine Daten hierzu verfügen, sollten herausfinden, wann ihre Mitarbeiter in Rente gehen könnten. Im gleichen Schritt wurden die Unternehmen befragt, ob schon über eine mögliche

Konservierung des Wissens dieser Mitarbeiter nachgedacht wurde. Lediglich 38 Prozent der Befragten haben sich damit auseinandergesetzt. Es scheint als sei ein Bewusstsein für die Auswirkungen des demografischen Wandels und den daraus resultierenden Wissensverlusten unternehmensübergreifend (noch) nicht gegeben.

Abbildung 18: Fragen bezüglich des demografischen Wandels

Die eben gewonnen Erkenntnisse sind deshalb verwunderlich, weil sich die Unternehmen schon darüber im Klaren zu sein scheinen, dass das Ausscheiden von Mitarbeitern zu Wissensverlusten führen kann.[244] Dies gibt zumindest etwa die Hälfte der Befragten an. Ein Drittel vertritt die Meinung, dass Wissen zum Teil verloren geht, 12 Prozent gehen von einem geringfügigen Verlust aus. Die Annahme des Autors, dass durch das Ausscheiden eines Mitarbeiters Wissensverluste entstehen können, wird somit von der Mehrheit der Unternehmen bestätigt und unterstützt die Problemstellung der Studie. Dies verdeutlicht aber auch, dass bestehende konstante Transfermethoden in den Unternehmen eine Wissenssicherung anscheinend nicht möglich machen oder nicht vorhanden sind.

Das Ausmaß eines Wissensverlustes ist vor allem von der Art des Ausscheidens abhängig. 82 Prozent der Unternehmen sehen durch Kündigung seitens des Arbeitnehmers und 46 Prozent durch Pensionierung großes Verlustpotential. Ein Ausscheiden durch Mutterschaft und Kündigung durch den Arbeitgeber etc. fallen dagegen weniger ins Gewicht (siehe Abbildung 19). Bei einer detaillierten Betrachtung dieses Aspektes

---

[244] Siehe Anhang 2 (Frage 9).

nach Unternehmensgröße ergibt sich ein leicht abweichendes Bild. Während nur 24 Prozent der Firmen mit mehr als 500 Mitarbeitern die Pensionierung als Herausforderung ansehen, tun dies 58 Prozent der kleineren und mittleren Unternehmen. Angesichts der Tatsache, dass das Durchschnittsalter der Arbeitnehmer bei größeren Unternehmen mit 40,8 Jahren höher ist als bei den kleinen- und mittleren mit 37,3 Jahren überrascht dies. Entweder scheiden aus größeren Unternehmen weniger Mitarbeiter durch Pensionierung aus oder diese sind besser auf den Abgang eingestellt. Ein weiterer Grund könnte sein, dass sie sich den Wissensverlusten nicht bewusst sind, weil das Unternehmen einfach zu groß ist. Insgesamt scheint für die Bedeutung der Konservierung von implizitem Wissen die Konzentration auf die beiden erst genannten Fluktuationstypen, Kündigung seitens des Arbeitnehmers und Pensionierung, förderlich.

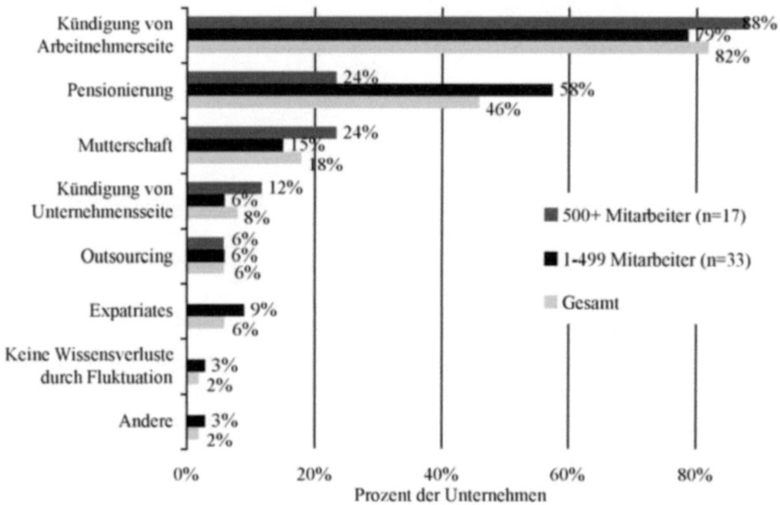

Abbildung 19: Frage durch welche Fluktuation am meisten Wissen verloren geht

Klare Angaben, wie viele Mitarbeiter aufgrund von Pensionierung aus Unternehmen ausscheiden, konnten erlangt werden. Wie viele Mitarbeiter insgesamt durch Fluktuation Unternehmen verlassen jedoch nicht. Die Fluktuationsrate macht dies teilweise möglich, daher wurden die Firmen innerhalb der Umfrage danach befragt. Für die Personalleiter gab es die Möglichkeit, die Angabe in Prozent oder nach Gefühl in vergleichender Form (niedrig, normal, hoch, sehr hoch) anzugeben. Dies wurde gemacht, weil bei der Konzipierung der Umfrage nicht klar war, inwiefern die Unternehmen das Instrument der Fluktuationsrate kennen und nutzen. Um das Ergebnis besser darzustellen, werden beide Formen zusammengeführt. Da bekannte Durchschnittswerte zwischen 7 und 13 Prozent liegen, wurden 5 bis 15 Prozent als normal eingestuft, die anderen entsprechend. 46 Prozent der Unternehmen haben demnach eine niedrige Fluktuationsrate (siehe Abbildung 20). Das ist überraschend, da fast die Hälfte der Firmen somit deutlich unter den ermittelten Durchschnittswerten liegt. Während 36 Prozent eine normale Fluktuationsrate angeben, haben lediglich 16 Prozent eine hohe oder sehr hohe Rate. Bei der Betrachtung nach Mitarbeiterzahl fällt auf, dass der Anteil von großen Firmen bei einer niedrigen Rate sowie bei der sehr hohen größer ist als der Anteil von kleineren- und mittleren Unternehmen. Dagegen ist deren Anteil bei der normalen und hohen Fluktuationsrate größer. Insgesamt spiegelt dies zum Teil die genannten Raten in 2.3 wider. Dennoch ist festzustellen, dass der Durchschnitt der Teilnehmer geringer ist als der ermittelte Durchschnitt. Es ist in diesem Zusammenhang auch nicht möglich fest zu stellen, ob sich die Fluktuationsrate bei den Unternehmen, welche geschätzt haben, wirklich auch in dem Prozent-Bereich bewegt. Eine Beurteilung nach Gefühl kann nach konkreter Betrachtung von Zahlen ganz anders aussehen.

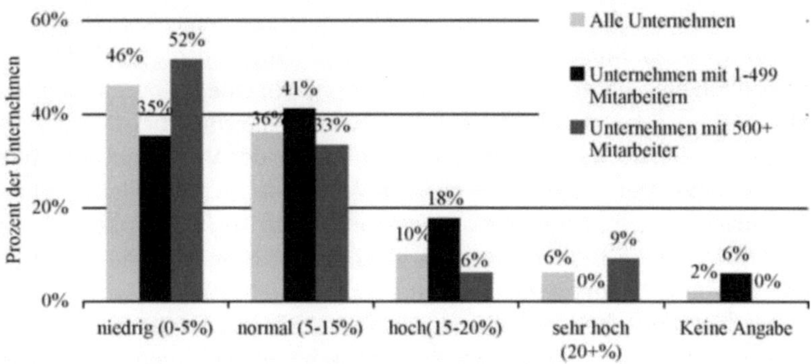

Abbildung 20: Fluktuationsrate der befragten Unternehmen

5.3.3 Transfer von implizitem Wissen

Für eine erfolgreiche Konservierung von implizitem Wissen müssen Unternehmen sich darüber bewusst sein, welches implizite Wissen erfolgskritisch ist und daher bewahrt werden sollte. Nach Meinung der Befragten stellen vor allem Erfahrungswissen und kundenrelevantes Wissen solches dar. 64 Prozent der Unternehmen sehen beides als sehr wichtig für den Erfolg an (Abbildung 21). Aber auch Netzwerke, Produktwissen, Intuition und interne Abläufe erhalten auf einer Viererskala[245] eine 1 oder 2 von mindestens 70 Prozent der Unternehmen. Dies verdeutlicht, dass alle Typen impliziten Wissens wichtig für den Erfolg von Unternehmen sind und somit diese Wissens-Dimension zu einer Notwendigkeit für Firmen macht und sich mit deren Konservierung bei Ausscheiden auseinandergesetzt werden muss.

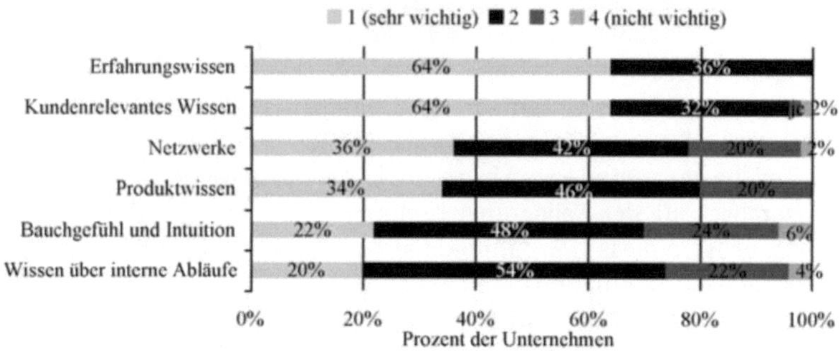

Abbildung 21: Relevanz unterschiedlicher Arten impliziten Wissen für den Erfolg des Unternehmens

In Kapitel 3 wurde verdeutlicht, dass ein direkter Transfer von implizitem Wissen nicht möglich ist, sondern lediglich durch Zeigen lassen, Beobachten und Nachahmung erreicht werden kann. Anhand dieses Prozesses muss dann eine Vernetzung von Informationen in einem Kontext geschehen. Nur so kann sich eine Person möglichst gleichwertiges implizites Wissen aneignen, welches der Wissensinhaber oder Vorgänger inne hat. Aufgrund der Merkmale von implizitem Wissen hat sich vor allem die Frage danach gestellt, ob eine Konservierung langfristig oder erst kurz vor dem Ausscheiden geschehen sollte. Dies stellt die wesentliche Problemstellung dieser Studie dar. Die befragten Unternehmen sind sich darüber einig, dass implizites Wissen dauerhaft transferiert werden sollte und nicht erst bei Ausscheiden. 42 Prozent befürworten einen konstanten Transfer und 50 Prozent einen Transfer eher konstant als am Ende des Beschäftigungsverhältnisses.[246] Dies verdeutlicht, dass konstante Transfermethoden genutzt werden sollten, um implizites Wissen im Unternehmen zu halten. Es schließt aber nicht aus, dass Methoden kurz vor dem Ausscheiden nicht angewendet werden sollten. Dennoch stützten sich dieses Ergebnisse auf die Aussage der Schaeffler KG, nach der auch

[245] Von sehr wichtig (1) bis nicht wichtig (4).

[246] Siehe Anhang 2 (Frage 26).

das Leaving Expert Debriefing nicht nötig wäre, wenn ein idealer konstanter Austausch über die Zeit der Anstellung stattgefunden hätte.[247]

Es wurde klargestellt, dass ein konstanter Transfer von implizitem Wissen stattfinden sollte. Dieser erfolgt aber lediglich in 24 Prozent der Unternehmen auf Methoden gestützt (siehe Abbildung 22). Bei dem anderen drei Viertel der Unternehmen findet somit keine auf Methoden gestützte Weitergabe statt. Ähnlich sieht dies auch bei einem Transfer kurz vor dem Ausscheiden aus. Auch hier nutzen etwa nur ein Drittel der Unternehmen Methoden, um implizites Wissen kurz vor dem Verlassen eines Mitarbeiters zu transferieren, und so vor einem Verlust zu bewahren. Fraglich ist die Aussage von 40 Prozent der Firmen, dass ein Transfer zwar stattfindet, aber dies eher zufällig. Möglicherweise geschieht dies durch Methoden, die nicht bewusst genannt werden können, wie etwa gemischte Teams, eine gute Gestaltung der Arbeitsräume oder informelle Treffen. Die Instrumente stellen alle keine systematische Transfermethode, aber sie können einen positiven Einfluss auf den Austausch untereinander haben. Ein bedeutender Grund, warum nur so wenige Unternehmen Transfer auf Methoden stützen, liegt wohl vor allem an den fehlenden Methoden – 36 Prozent sehen dies als eine Herausforderung des Transfers an.[248]

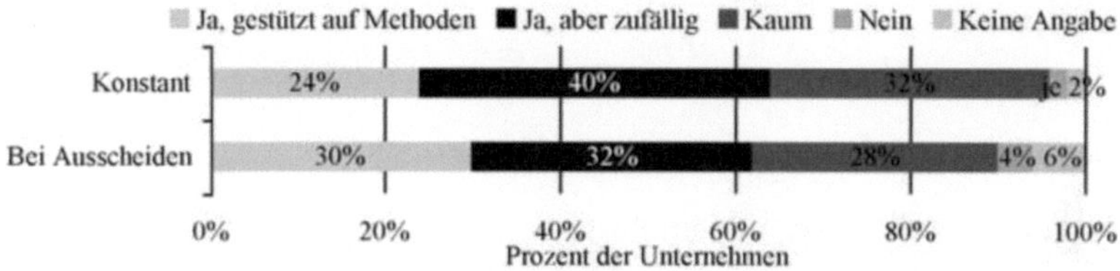

Abbildung 22: Stattfinden eines Transfers von implizitem Wissen im Unternehmen

Kapitel 4 hat gezeigt, dass eine erfolgreiche Konservierung nur unter bestimmten Bedingungen möglich ist. Gefragt nach diesen, werden von mehr als 70 Prozent der Befragten die Unternehmenskultur, die Identifikation mit der Firma und die Bereitschaft aller Beteiligten als die wichtigsten genannt (siehe Abbildung 23). Dass eine Wissen fördernde Kultur vorhanden sein muss, zeigt auch ein Blick auf die Barrieren der Unternehmen.[249] Demnach können vor allem ein Wissen ist Macht-Denken (54 Pro-

[247] Vgl. Seren/Dückert (2006), S. 249.

[248] Siehe Anhang 2 (Frage 21).

[249] Siehe Anhang 2 (Frage 21).

zent) und die Unternehmenskultur (42 Prozent) eine Bewahrung verhindern. Außerdem spiegelt der relativ hohe Anteil der Firmen, die implizites Wissen als nicht bekannt beschreiben, die Merkmale und Schwierigkeit einer Transfermöglichkeit impliziten Wissens wider. Wenn erneut die Voraussetzungen betrachtet werden, fällt auf, dass nur zehn Prozent in IT eine Voraussetzung für den erfolgreichen Transfer von implizitem Wissen sehen. Dies zeigt, dass Technologie keinen Transfer sicherstellen kann und die Konservierung ein human-orientierte Wissensmanagement-Thema ist.

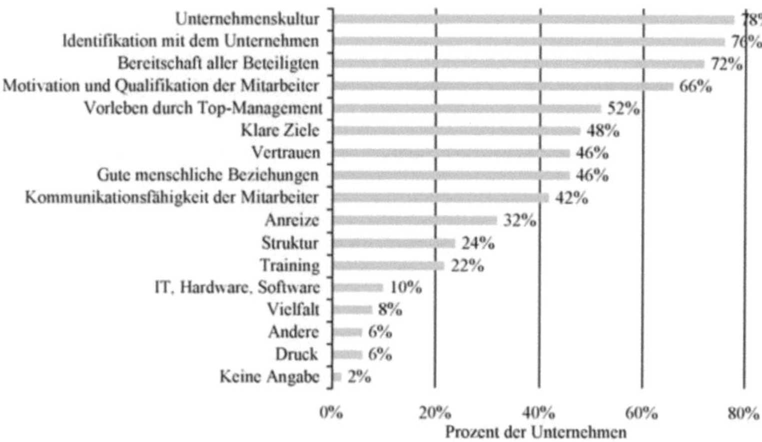

Abbildung 23: Voraussetzungen für den Transfer von implizitem Wissen

Der konstante Transfer von implizitem Wissen wurde als ideale Möglichkeit Wissen weiterzugeben erkannt. In Kapitel 4 wurden schon Methoden dafür vorgestellt. Bei der Befragung stellt sich heraus, das vor allem auf die Methoden interne Diskussionsrunden, Mentoren- und Coachingprogramme, informelle Treffen und gemischte Teams zurückgegriffen wird (siehe Abbildung 24). Es zeigt sich, dass mit Hilfe dieser Methoden anscheinend ein möglichst erfolgreicher Transfer durchgeführt werden kann. Dies ist darauf zurückzuführen, dass alle diese Methoden von mehr als der Hälfte der Unternehmen angewendet werden. Während Communities of Practice nur von 30 Prozent der Firmen genutzt werden, überrascht, dass nur 10 Prozent vom Meister-Lehrling-Prinzip Gebrauch machen. Das könnte möglicherweise damit zusammenhängen, dass der Begriff zum einen in der Praxis wenig gebräuchlich ist und zum anderen von den Befragten unter einem falschen Kontext – wie etwa dem Handwerk – verstanden wird. Außerdem ist diese Form der Zusammenarbeit heute wohl auch in Mentorenprogrammen und vor allem gemischten Teams zu finden.

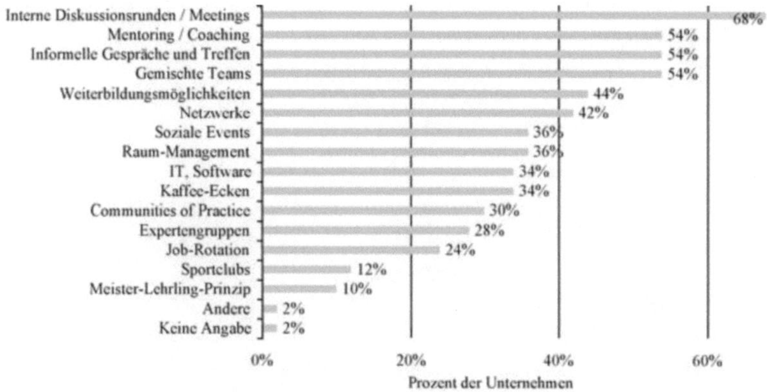

Abbildung 24: Genutzte Methoden für Transfer von implizitem Wissen

Nach der Betrachtung von Methoden für einen konstanten Transfer wurden die Unternehmen auch nach Methoden bei Ausscheiden befragt. Die Fragestellung hierzu ist offen gewesen. Es geht aus ihr nicht deutlich hervor, ob es sich um eine Methode kurz vor dem Ausscheiden handelt oder um eine Methode für die Konservierung bei ausscheidenden Mitarbeitern. Diese Konservierung kann bei Pensionierenden etwa schon Jahre vorher starten. Bei einem Blick auf die Ergebnisse erstaunt die Top-Antwort, von 62 Prozent der Unternehmen genannt: Übergabeprotokolle (siehe Abbildung 25). Dieses Ergebnis stellt das Konzept des impliziten Wissens jedoch in Frage. In 3.1.2.1 wurde es als etwas kaum oder schwer Mitteilbares und nur durch Zeigen und Beobachten Transferierbares identifiziert. Da bei einem Übergabeprotokoll von etwas Schriftlichem ausgegangen wird, muss folgende Anmerkung gemacht werden: Entweder haben die befragten Unternehmen ein falsches Verständnis von implizitem Wissen oder es kann doch in Schrift und Worte gefasst werden. Da aufgrund der erstellten Definition letzteres ausgeschlossen wird, folgert sich daraus, dass sich eine große Anzahl der Unternehmen (noch) nicht bewusst ist, was implizites Wissen ausmacht. Dieses zeigt sich vor allem bei den vier Firmen, die beim Transfer ausschließlich das Instrument des Übergabeprotokolls angeben. Es ist jedoch klar zu stellen, dass ein Übergabeprotokoll einen Konservierungsprozess unterstützen kann, in dem es etwa grundlegende Informationen bietet.

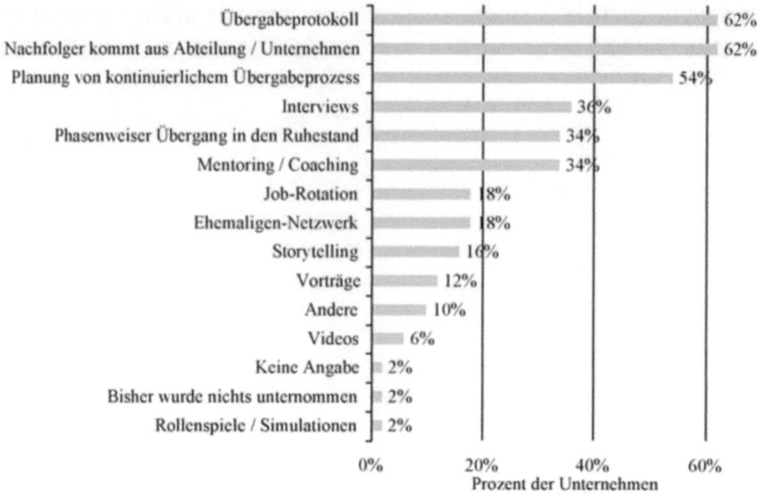

Abbildung 25: Genutzte Methoden für Transfer von implizitem Wissen bei ausscheidenden Mitarbeitern

Einen Nachfolger aus der Abteilung oder dem Unternehmen zu rekrutieren wurde nicht explizit bei den Methoden beschrieben, kann aber aus Sicht des Autors eine Konservierung möglich machen. Dieser hat meist schon Vorwissen für die Sachlage, und kann rechtzeitig durch den Wissensinhaber instruiert werden und möglicherweise Informationen in den korrekten Kontext setzen, um daraus das implizite Wissen zu schaffen, dass den Ausscheidenden ausmacht. Interessant dabei ist jedoch, dass von den befragten Unternehmen in nur 49,2 Prozent der Fälle der Nachfolger den Vorgänger noch kennen lernt.[250] In der anderen Hälfte der Fälle kann ein Austausch zwischen Wissensinhaber und Nachfolger also nicht persönlich stattfinden.

54 Prozent der Unternehmen versuchen durch einen kontinuierlichen Übergabeprozess, wie etwa das Leaving Expert Debriefing, implizites Wissen zu bewahren. Neben Interviews sind vor allem der phasenweise Übergang in den Ruhestand und Mentoring sowie Coaching als relativ häufig genutzte Methode genannt. Direkte Transferinstrumente, wie Storytelling mit 16, Vorträge mit 12, Videos mit sechs und Simulationen mit zwei Prozent werden dagegen fast gar nicht genutzt. Es muss also hinterfragt werden, ob überhaupt implizites Wissen kurz vor dem Ausscheiden

[250] Siehe Anhang 2 (Frage 12).

transferiert werden kann. Zumal nach der Frage, wann das implizite Wissen transferiert werden soll, sich der Konsens für eine konstante Lösung ausgesprochen hat. Dies kann darauf zurückzuführen sein, dass es einfach nicht die Möglichkeiten gibt kurz vor Ausscheiden implizites Wissen erfolgreich zu transferieren und Barrieren dies verhindern. So wird bei der Frage nach diesen von den Unternehmen angegeben, dass vor allem fehlende Zeit und ein nicht existenter Nachfolger sowie keine Bedeutung für die Wichtigkeit von implizitem Wissen gegeben sind. In Abbildung 26 werden die Mittelwerte der Befragten auf einer Skala von 1 bis 4 veranschaulicht. Die Zeitknappheit als die größte Herausforderung unterstreicht die Aussagen in 4.1. Außerdem scheint es für Unternehmen schwierig zu sein vor Ausscheiden des Mitarbeiters einen Nachfolger zu finden, obwohl 62 Prozent der Unternehmen intern rekrutieren (siehe auch Abbildung 25). Die Suche nach einem Nachfolger außerhalb der Firma in Zeiten von Fachkräftemangel scheint kaum einfacher zu sein. Ferner stellt die fehlende Aufnahmefähigkeit des Nachfolgers nach Angaben der Unternehmen nicht so ein großes Problem dar, wie in der Literatur angenommen (siehe 4.1).

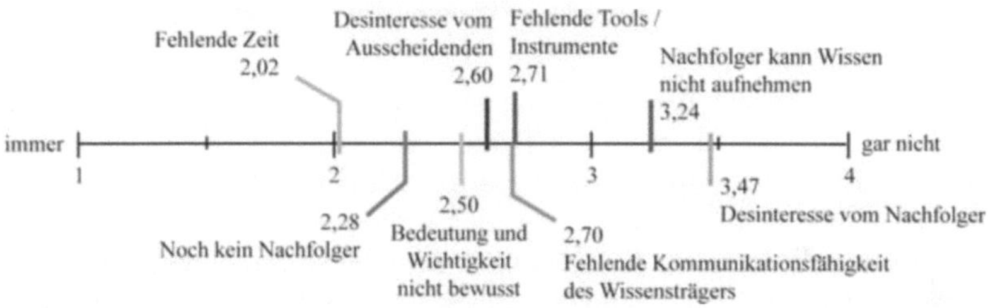

Abbildung 26: Probleme eines Transfers von implizitem Wissen bei ausscheidenden Mitarbeitern

Zu guter Letzt soll klar gestellt werden, dass nach Ansicht der Firmen die Leiter von Teams und Abteilungen die Hauptverantwortlichen für den Transfer von implizitem Wissen sein müssen. Dies wird sich vor allem auf die Implementierung und Planung von Methoden und Instrumenten sowie die Unterstützung für Wissensinhaber und Nachfolger beziehen. Nach Meinung der Unternehmen ist neben der Leitung vor allem der ausscheidende Wissensinhaber für den Transfer verantwortlich. Erst nach dem Wissensträger folgen Geschäftsführung/Vorstand und der Nachfolger in der Verantwortungsfrage. Ein wenig verwunderlich ist, dass der Personalleitung die geringste Verantwortlichkeit beigemessen wird (siehe Abbildung 27). Innerhalb dieser Studie hat sich herausgestellt, dass insbesondere das Top-Management dafür verantwortlich sein sollte, Transferprozesse zu integrieren und die Rahmenbedingungen dafür zu schaffen, dass Mitarbeiter zusammenkommen und Wissen untereinander teilen. Inwiefern Team- oder Abteilungsleiter oder die Geschäftsführung/Vorstand dies tun, muss von jedem Unternehmen selbst eruiert werden. Es ist aber noch einmal darauf hinzuweisen, dass ein Wissensinhaber nicht ohne notwendige Rahmenbedingungen und Methoden Wissen transferieren wird, beziehungsweise kann. Wichtig ist, dass es für den Konservierungsprozess einen Verantwortlichen gibt.

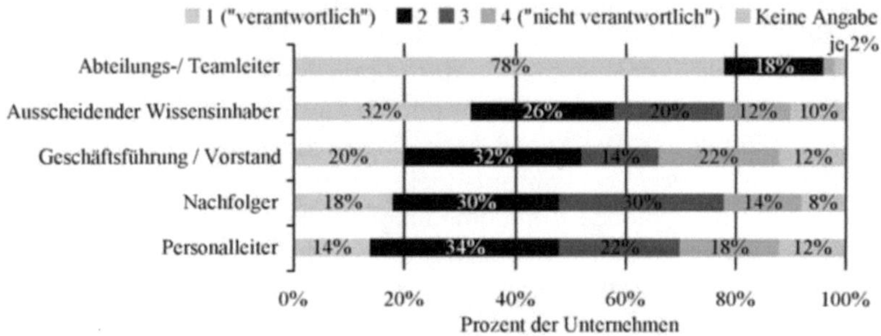

Abbildung 27: Zuständigkeit für den Transfer von implizitem Wissen bei ausscheidenden Mitarbeitern

Um die Analyse zur Konservierung aus Sicht der Unternehmen abzuschließen wird die Meinung der Firmen wiedergegeben, wie lange ein Nachfolger braucht, um sich das Experten-Wissen seines Vorgängers anzueignen. Während 14 Prozent der Befragten von bis zu einem halben Jahr ausgehen, dauert es für etwa die Hälfte der Unternehmen bis zu einem Jahr. Nur 22 Prozent sind der Auffassung, dass bis zu fünf Jahre notwendig sind. Somit teilen die Befragten nicht die Meinung, dass implizites Wissen langfristig wächst (siehe 3.1.2.1) und stellen damit das Konzept des impliziten Wissens teilweise in Frage. Auf der anderen Seite würde dies aber auch etwas Positives für Unternehmen haben. Implizites Wissen kann eventuell schneller konservieret werden als angenommen.

5.4 Zusammenfassung der Ergebnisse

Der Wissensverlust bei ausscheidenden Mitarbeitern ist aus Sicht der Unternehmen ein wichtiges Thema. Etwa die Hälfte der Firmen behaupten, dass durch Fluktuation Wissen im Unternehmen verloren geht, 34 Prozent sind der Meinung, dass dies zum Teil passiert. Aus Sicht der Befragten führen vor allem Kündigungen von Arbeitnehmern und Pensionierung zu immensen Wissensverlusten. Da besonders in den nächsten Jahren viele

Mitarbeiter aufgrund von Pensionierung ausscheiden (siehe 2.6), ist es verwunderlich, dass nur knapp zwei Drittel der Firmen benennen können, wie viele ihrer Angestellten in Rente gehen werden. Des Weiteren haben sich nur 38 Prozent der Unternehmen damit auseinandergesetzt, wie Wissen von diesen älteren Mitarbeitern erhalten werden kann.

Bei gezielter Betrachtung des impliziten Wissens zeigt sich, dass sich eine Konservierung am besten erreichen lässt, wenn ein konstanter Transfer im Unternehmen stattfindet. Eine Übertragung kurz vor Ausscheiden wird demnach mit Skepsis betrachtet. Ein konstanter Transfer von implizitem Wissen mit Hilfe von Methoden findet jedoch nur bei 30 Prozent der Unternehmen statt, bei 40 Prozent rein zufällig. Auch kurz vor Ausscheiden fehlen Methoden und Motivation: nur ein Viertel der Unternehmen hat eine auf Methoden gestützte Übertragung.

Vor allem eine unterstützende Unternehmenskultur, die Identifikation mit dem Arbeitgeber sowie die Bereitschaft aller Beteiligten sind für einen erfolgreichen Wissenstransfer notwendig. Die größten Barrieren beim konstanten Transfer sind eine Kultur, in der Wissen gleich Macht, implizites Wissen nicht bekannt ist sowie keine Methoden vorhanden sind. Bei einem Transfer kurz vor dem Ausscheiden sind Zeitmangel, kein vorhandener Nachfolger, mangelndes Bewusstsein für die Bedeutung von implizitem Wissen und fehlende Methoden die größten Hindernisse. Methodisch sehen die Unternehmen für einen konstanten Transfer von implizitem Wissen Menschen vernetzende Modelle, wie interne Diskussionsrunden, Mentoring, informelle Treffen und gemischte Teams, am besten geeignet. Kurz vor Ausscheiden werden vor allem eine Nachfolgeregelung innerhalb des Unternehmens oder der Abteilung, ein kontinuierlicher Übergabeprozess sowie Interviews häufig genutzt. Trotz der eben genannten Methoden scheint es so, als würden wirkliche nützliche und in der Praxis gut umsetzbare Methoden für einen Transfer kurz vor dem Ausscheiden fehlen.

Neben den Barrieren, die abgebaut sowie den Voraussetzungen, die geschaffen werden müssen, wird von den Befragten der Abteilungsleiter oder Teamleiter als der Hauptverantwortliche für einen Wissenstransfer genannt. Neben dem ausscheidenden Mitarbeiter sind vor allem sie für die Bereitstellung von Rahmenbedingungen, die Motivation sowie Unterstützung der am Transferprozess Beteiligten verantwortlich.

6 Fazit

Fünf Millionen deutsche Arbeitnehmer gehen in den nächsten zehn Jahren in den Ruhestand. Dies bedeutet, im Detail betrachtet, dass in fünf Millionen Fällen implizites Wissen droht, verloren zu gehen. Die Konservierung dessen stellt die Unternehmen aufgrund seiner Merkmale vor eine Herausforderung. Im Gegensatz zum expliziten Wissen, welches etwa durch Dokumente transferierbar ist, kann dieses nicht 1:1 von einer Person zur anderen übertragen werden. Neben seiner Nicht-Verbalisierbarkeit ist es auch erfahrungsgestützt und wird unbewusst genutzt: Charakteristika, welche die Weitergabe an Kollegen oder Nachfolger erschweren. Neben den in Pension gehenden Arbeitnehmern entstehen nach Meinung der befragten Unternehmen aber vor allem auch aufgrund von Kündigung durch Angestellte enorme Wissensverluste. Eine Konservierung von implizitem Wissen sollte sich somit besonders auf diese beiden Gruppen konzentrieren.

Bei der Betrachtung des Konservierungsprozesses in der Praxis zeigt sich, dass 42 Prozent der Unternehmen einen konstanten Wissenstransfer und 50 Prozent eher eine konstante Weitergabe als eine kurz vor Ausscheiden bevorzugen. Dies ist auch aus Sicht des Autors der ideale Weg, da wesentliche Merkmale von implizitem Wissen Erfahrungsbasiertheit und langfristiges Wachstum darstellen. Eine Schaffung von implizitem Wissen in dem kurzen Zeitraum vor dem Ausscheiden würde einen Widerspruch dazu darstellen. Umso überraschender ist das Ergebnis, dass nur 24 Prozent kontinuierlich implizites Wissen auf Methoden gestützt transferieren. Dies ist vor allem auf fehlendes Bewusstsein für die Bedeutung von implizitem Wissen, fehlende Methoden und Zeitmangel zurückzuführen.

Es hat sich gezeigt, dass das Top-Management als Initiator von Wissenstransferprozessen auftreten muss, um einen erfolgreichen Transfer von implizitem Wissen zu erzielen. Da in mehr als zwei Drittel der Unternehmen ein Transfer von Wissen eher zufällig oder gar nicht stattfindet, müssen vor allem Rahmenbedingungen und Foren geschaffen werden, welche Dialoge zwischen den Mitarbeitern ermöglichen. Hierzu zählt vor allem eine Wissen fördernde Unternehmenskultur, in der Vertrauen und Respekt untereinander gegeben sind. Bei der Konservierung kurz vor dem Ausscheiden sollte der Mitarbeiter, der die Firma verlässt nicht bis zum letzten Tag in die operative Arbeit eingebunden werden, sondern nach und nach Arbeitsprozesse durch Zeigen, Beobachten und Imitieren an

Nachfolger weitergeben. Diese sollten möglichst rechtzeitig durch das Unternehmen gefunden werden, um eine Konservierung zu gewährleisten.

Bevor ein Unternehmen entscheidet, welche Methoden am ehesten für eine erfolgreiche Konservierung geeignet sind, ist es notwendig das erfolgsrelevante Wissen der Firma sowie dessen Träger zu identifizieren. In der Befragung wurde dabei besonders das Erfahrungswissen sowie kundenrelevantes Wissen als wichtig für den Unternehmenserfolg genannt. Zur Einordnung des Wissensumfangs sollte mit Hilfe von Wissenslandkarten, Intranet, Blogs etc. Transparenz ermöglicht werden. Generell zeigt sich, dass Technologien positiven Einfluss auf einen umfassenden Konservierungsprozess haben können. So können diese auch eine Verbesserung der Unternehmenskultur, eine Vernetzung von Mitarbeitern und das Bereitstellen von Informationen bewirken. Technische Instrumente können aber niemals als alleinige Methode eine Bewahrung des Wissens erreichen. Schließlich kann nur durch die Interaktion von Menschen implizites Wissen geschaffen werden. Die Konservierung dessen ist somit als ganzheitlicher Wissensmanagementansatz mit einem Schwerpunkt auf human-orientierte Methoden zu verstehen.[251]

Bei einer detaillierten Auseinandersetzung von einzelnen Methoden muss eine Unterscheidung zwischen konstantem sowie kurzfristigem Transfer vorgenommen werden. Für einen konstanten Transfer eignen sich Maßnahmen, die einen Dialog unter den Angestellten und damit die Schaffung von implizitem Wissen fördern. Idealerweise sollte dieser Austausch von Wissen in den normalen Arbeitsprozess integriert werden. Vom Autor wurde deshalb das Meister-Lehrling-Prinzip als eine ideale Methode für einen Wissenstransfer angesehen. Doch es wird nur von zehn Prozent der Befragten genutzt. Vielmehr wurden Instrumente wie Diskussionsrunden, Mentorenprogramme, informelle Treffen und gemischte Teams für einen Austausch eingesetzt. Alle diese genannten Optionen können einen Rahmen bieten, in dem Wissen möglichst unbewusst ausgetauscht und geschaffen wird. Ein bewusster und gesteuerter Transfer ist dadurch aber schwer möglich, da das Interesse an einem Austausch von den Mitarbeitern selbst kommen muss, was wiederum stark durch die Unternehmenskultur geprägt wird. In diesem Zusammenhang wird auch noch einmal auf

---

[251] Siehe 3.2.2.

die Chance von Communities of Practice hingewiesen und eine Implementierung dessen empfohlen.

Für eine erfolgreiche Konservierung kurz vor Ausscheiden des Mitarbeiters zeigt sich, dass Übergaben und vor allem moderierte Gespräche von Nutzen sind. Dabei ist eine strukturierte Herangehensweise mit einer langfristigen Vorlaufzeit, wie am Beispiel der Schaeffler KG gezeigt, notwendig. Übergabeprotokolle stellen derweil, obwohl Top-Antwort in der Befragung, im eigentlichen Sinne keine Möglichkeit dar, implizites Wissen weiterzureichen. Diese können lediglich unterstützend als Informationsgrundlage gelten.

Konnte implizites Wissen nicht rechtzeitig konserviert werden, stellen Instrumente wie graue Beraterstäbe, Ehemaligen-Netzwerke sowie ein phasenweiser Übergang in den Ruhestand eine Möglichkeit dar, das implizite Wissen von erfahrenen ausgeschiedenen Mitarbeitern länger zu nutzen. Auf diese Weise können Mitarbeiter und ihr Wissen weiter an das Unternehmen gebunden werden.

In der Praxis zeigt sich, dass lediglich 24 Prozent der Unternehmen sich bei einem konstanten Transfer sowie 30 Prozent bei einem Transfer kurz vor Ausscheiden auf Methoden stützen. Somit ist es nicht verwunderlich, dass die Unternehmen in Folge von Fluktuation Wissensverluste in Kauf nehmen müssen. Dabei sind die Faktoren Kapital, Boden und Arbeit längst nicht mehr hauptausschlaggebend für den Erfolg einer Firma: Die Ressource Wissen gewinnt zunehmend an Bedeutung und entscheidet letztendlich über die Wettbewerbsfähigkeit des Unternehmens. Ein Grund mehr, das Thema der Wissenskonservierung in die Unternehmenskultur, -prozesse und -strategie zu integrieren. Am besten bevor das implizite Wissen von fünf Millionen in Pension gehenden Mitarbeitern und einer beträchtlichen Anzahl von kündigungsbedingten Ausscheidenden droht für immer verloren zu gehen.

Literaturverzeichnis

Adecco Institute (2006): Sensibilisierung für die demographische Herausforderung Europas: Die demographische Fitness Untersuchung 2006. Adecco Institute White Paper - Oktober 2006. Online unter: http://adeccoinstitute.com/Adecco-Institute-Demographic-Fitness-De.pdf (Abruf: 04.02.2008).

Albrecht, Frank (1993): Strategisches Management der Unternehmensressource Wissen. Frankfurt/Main u.a.

Apgar, Mahlon (1998): Die Arbeitsplätze der Zukunft : Vom gemeinsam genutzten Schreibtisch bis zur Telearbeit - immer mehr Menschen verdienen ihr Geld in einem neuartigen Arbeitsumfeld. In: Harvard Business Manager, 20. Jahrgang, Heft 6, S. 53-68.

Auer, Thomas (2002): Reizwort Wissensmanagement: Wissensaustausch fördern. Online unter: http://www.hrm-auer.ch/downloads/ManuKM-c.pdf (Abruf: 01.05.2008).

Augenstein, Friedrich/Monjau, Günter (2008): Wissensmanagement und Wissensbilanzierung. Ergebnis einer Studie in Baden-Württemberg. Online unter: http://www.rak-bw.bdu.de/docs/downloads/BDU_Online/Fachverb%C3%A4nde/RAK_BW/Studien/A4_Wissenbilanzierung_72dpi.pdf (Abruf: 18.05.2008).

Beck, Uwe/Sommer, Winfried (2007): Wissensmanagement unter demografischen Druck. In: wissensmanagement - Das Magazin für Führungskräfte, 9. Jahrgang, Heft 1, S. 26-28.

Becker, Fred G. (1990): Anreizsysteme für Führungskräfte : Möglichkeiten zur strategisch-orientierten Steuerung des Managements. Stuttgart.

Bergmann, Jens (2007): Die gläserne Firma. In: brandeins : Wirtschaftsmagazin, 9. Jahrgang, Heft 3, S. 109-115.

Bertelsmann Stiftung (2002): Neue Strategien gegen den Fachkräftemangel. Memorandum. Online unter: http://www.bertelsmann-stiftung.de/bst/de/media/xcms_bst_dms_13742_13743_2.pdf (Abruf: 23.07.2008).

Bode, Jürgen (1997): Der Informationsbegriff in der Betriebswirtschaftslehre. In: Zeitschrift für betriebswirtschaftliche Forschung (zfbf), 49. Jahrgang, Heft 5, S. 449-468.

Bughin, Jacques/Manyika, James/Miller, Andy (2008): McKinsey Global Survey Results : Building the Web 2.0 Enterprise. Online unter: http://www.openinnovation.eu/download/Mckinsey July 2008.pdf (Abruf: 02.09.2008).

Bullinger, Hans-Jörg/Warschat, Joachim/Prieto, Juan/Wörner, Kai (1998): Wissensmanagement - Anspruch und Wirklichkeit: Ergebnisse einer Unternehmensstudie in Deutschland. In: IM - die Fachzeitschrift für Information Management & Consulting, 13. Jahrgang, Heft 1, S. 7-23.

Bullinger, Hans-Jörg/Wörner, Kai/Prieto, Juan (1997): Wissensmanagement heute - Daten, Fakten, Trends : Fraunhofer IAO-Studie. Stuttgart.

Bullinger, Hans-Jörg/Wörner, Kai/Prieto, Juan (1998): Wissensmanagement - Modelle und Strategien für die Praxis. In: Bürgel, Hans Dietmar (Hrsg.): Wissensmanagement - Schritte zum intelligenten Unternehmen. Berlin u.a., S. 21-39.

Bundesanstalt für Arbeitsschutz und Arbeitsmedizin (2008): Alles grau in grau? Älter werdende Belegschaften und Büroarbeit. 2. Auflage. Online unter: http://www.baua. de/nn_21604/de/Publikationen/Broschueren/A46,xv=vt.pdf (Abruf: 18.08.2008).

Bundesinstitut für Bevölkerungsforschung (2008): Bevölkerung : Daten, Fakten, Trends zum demographischen Wandel in Deutschland. Online unter: http://www.bib-demographie.de/cln_099/nn_749852/SharedDocs/ Publikationen/DE/Download/Broschueren/bev3__2008,templateId=raw, property=publicationFile.pdf/bev3_ 2008.pdf (Abruf: 10.08.2008).

Bundesministerium für Wirtschaft und Technologie (2007): Ratgeber Demografie : Tipps und Hilfen für Betriebe. Online unter: http://www.bmwi.de/BMWi/Redaktion /PDF/P-R/ratgeber-demografie,property= pdf,bereich=bmwi,sprache=de,rwb =true.pdf (Abruf 04.02.2008).

Capgemini (2007): Demographische Trends 2007 : Analyse und Handlungsempfehlungen zum Demographischen Wandel in deutschen Unternehmen. Online unter: http://www.de.capgemini.com/m/de/tl/Demographische_Trends_2007.pdf (Abruf: 14.07.2008).

Casher, Amy/Lesser, Eric (2003): Gray matter matters: Preserving critical knowledge in the 21st century. Online unter: http://www-935.ibm.com/services/uk/igs/pdf/esr-grey-matter-matters.pdf (Abruf: 16.11.2007).

Caye, Jean-Michel/Martén, Iván (2007): Talent Management : Nurturing the Egg. Online unter: http://www.bcg.de/images/uploads/attachments/ Talent_Manag12854.pdf (Abruf: 05.08.2008).

Davenport, Thomas H./Prusak, Laurence (1998a): Wenn Ihr Unternehmen wüßte, was es alles weiß... : Das Praxisbuch zum Wissensmanagement. Landsberg/Lech.

Davenport, Thomas H./Prusak, Laurence (1998b): Working Knowledge : How Organizations Manage What They Know. Boston.

Decker, Björn/John, Michael (2005): Informations- und Kommunikationstechnologie. In: Fraunhofer-Wissensmanagement Community (Hrsg.): Wissen und Information 2005. Stuttgart, S. 71-92.

Deutscher Bundestag (2002): Schlussbericht der Enquête-Kommission "Demographischer Wandel - Herausforderungen unserer älter werdenden Gesellschaft an den Einzelnen und die Politik". Bonn.

Doyé, Thomas (2005): Erfahrungswissen halten. In: Personal : Zeitschrift für Human Resource Management, 57. Jahrgang, Heft 7-8, S. 40-42.

Droschl, Georg (2003): Technologie in Wissensnetzwerken: Erfahrungen und praktische Hinweise. In: Graggober, Marion (Hrsg.): Wissensnetzwerke : Konzepte, Erfahrungen und Entwicklungsrichtungen. Wiesbaden, S. 353-374.

Drucker, Peter F. (1969): Die Zukunft bewältigen. Aufgaben und Chancen im Zeitalter der Ungewißheit. Düsseldorf u.a.

Drucker, Peter F. (1993): Die postkapitalistische Gesellschaft. Düsseldorf u.a.

Engert, Volker/Sebold, Kersten (2005): Das Produktions-Lern-System (PLS): Schlüssel zu Know-how-Sicherung und Know-how-Transfer. In: zfo : Zeitschrift Führung + Organistation, 74. Jahrgang, Heft 6, S. 357-363.

Europäische Kommission (2006): Die neue KMU-Definition : Benutzerhandbuch und Mustererklärung. Online unter: http://ec.europa.eu/enterprise/enterprise_policy/sme_definition/sme_user_guide_de.pdf (Abruf: 01.06.2008).

Finke, Ina/Will, Markus/Schnalzer, Kathrin (2005): Humanbezogenes Wissensmanagement. In: Fraunhofer-Wissensmanagement Community (Hrsg.): Wissen und Information 2005. Stuttgart, S. 33-50.

Fischer, Petra M. (2007): Berufserfahrung älterer Führungskräfte als Ressource. Wiesbaden.

Fraunhofer-Wissensmanagement Community (2005): Wissen und Information 2005. Stuttgart. Auch online unter: http://www.wissensmanagement-community.de/pdf-documents/WissenundInformation2005.pdf (Abruf: 13.03.2008).

Friedmann, Robert (2007): Unternehmenskultur. In: absatzwirtschaft : Zeitschrift für Marketing, 50. Jahrgang, Heft 11, S. 19.

Fröhlich, Werner (1996): Führung und Personalmanagement : Erfolgsfaktoren für die betriebliche Zusammenarbeit. München u.a.

Fromm, Leonhard (2008): Von wegen Generation Methusalem. In: wissensmanagement - Das Magazin für Führungskräfte, 10. Jahrgang, Heft 3, S. 24-25.

Führing, Meik (2006): Risikomanagement und Personal : Management des Fluktuationsrisikos von Schlüsselpersonen aus ressourcenorientierter Perspektive. Wiesbaden.

Geißler, Cornelia (2006): Warum emotionale Bindung wichtig ist. In: Harvard Business Manager, 28. Jahrgang, Heft 9, S. 8-10.

Geldermann, Brigitte (2006): Wissensmanagement : Kapital in den Köpfen nutzen – Aufgabe von Dauer. In: Arbeit und Arbeitsrecht : Zeitschrift für den Personalprofi, 61. Jahrgang, Heft 6, S. 320-325.

Götz, Klaus/Schmid, Michael (2004): Praxis des Wissensmanagements. München.

Groß, Britta/von Manteuffel, Monika/Wend, Claudia (2007): Wissenstransfer : Die Basis für unternehmensweites Wissensmanagement. Online unter: http://www-935.ibm.com/services/de/bcs/pdf/2007/wissenstransfer.pdf (Abruf: 30.01.2008).

Haarmann, Anne-Rose/Burski, Lucie (2003): Wenn das Wissen geht - Die Wissensstafette bei Volkswagen. In: wissensmanagement - Das Magazin für Führungskräfte, 5. Jahrgang, Heft 8, S. 39-41.

Hans Böckler Stiftung (2003): Beendigung von Arbeitsverhältnissen: Wahrnehmung und Wirklichkeit. Vortrag des Projektes "Regulierung des Arbeitsmarktes" im WSI in der Hans Böckler Stiftung auf dem HBS-Forum für Arbeits- und Sozialrecht in Berlin. Online unter: http://www.boeckler.de/pdf/wsi_regam_projektvortrag_forum _13_03_2003.pdf (Abruf: 06.08.2008).

Harris, Kathy (2006): Knowledge Management Enables the High-Performance Workplace. Online unter: http://www.gartner.com/resources/136900/136928/knowledge_management_enables_136928.pdf (Abruf: 08.07.2008).

Heimbrock, Klaus J./Gärtner, Yvonne (2007): Jahrbuch Management 2007 : Demographische Herausforderung. Aachen.

Henschel, Alexander (2001): Communities of Practice : Plattform für organisationales Lernen und den Wissenstransfer. Wiesbaden.

Hentschel, Uwe (2008): Der Einsatz von Wikis in Unternehmen – ein Blick in die Praxis. Schweizer Messer im Wissensmanagement. In: technische kommunikation, 30. Jahrgang, Heft 1, S. 23.

Herzberg, Frederick/Mausner, Bernard/Snyderman, Barbara Bloch (1959): The Motivation to Work. 2. ed., New York u.a.

Hesseler, Michael/Werner, Beate (2008): Implizites Wissen mobilisieren. In: wissensmanagement - Das Magazin für Führungskräfte, 10. Jahrgang, Heft 1, S. 44-46.

IBM (2007): Die wandlungsfähige Belegschaft : Entschlüsselung ihrer DNA : IBM Global Human Capital Study 2008. Online unter: http://www-935.ibm.com/services/de/bcs/pdf/2007/hc-study-2008-de.pdf (Abruf: 07.07.2008).

Institut für Arbeitsmarkt- und Berufsforschung (2003): IAB Betriebspanel 2002 Ostdeutschland. Online unter: http://doku.iab.de/betriebspanel/2003/panel_ost_2002.pdf (Abruf: 09.08.2008).

Jancik, Jürgen (2002): Betriebliches Gesundheitsmanagement : Produktivität fördern, Mitarbeiter binden, Kosten senken. Wiesbaden.

Jung, Hans (2006): Personalwirtschaft. 7., überarbeitete Auflage, München u.a.

Knaese, Birgit (2004): Das Management von Know-how-Risiken : Eine Analyse von Wissensverlusten im Investment Banking einer Großbank. Wiesbaden.

Knaese, Birgit/Probst, Gilbert (2001): Wissensorientiertes Management der Mitarbeiterfluktuation. Eine Methode zur Reduzierung personeller Wissensrisiken. In: zfo : Zeitschrift Führung + Organistation, 70. Jahrgang, Heft 1, S. 35-41.

Knospe, Tobias (2007): Semantische Technologien: Die Zukunft im Wissensmanagement. In: wissensmanagement - Das Magazin für Führungskräfte, 9. Jahrgang, Heft 8, S. 30-31.

Lehner, Franz (2006): Wissensmanagement : Grundlagen, Methoden und technische Unterstützung. München u.a.

Lucko, Sandra/Trauner, Bettina (2005): Wissensmanagement : 7 Bausteine für die Umsetzung in der Praxis. 2. Auflage, München u.a.

Mandl, Heinz/Reinmann-Rothmeier, Gabi (2000): Die Rolle des Wissensmanagement für die Zukunft: Von der Informations- zur Wissensgesellschaft. In: Mandl, Heinz/Reinmann-Rothmeier, Gabi (Hrsg.): Wissensmanagement : Informationszuwachs - Wissensschwund? Die strategische Bedeutung des Wissensmanagements. München u.a., S. 1-18.

Michel, Lutz P. (2006): Learntec Monitor „Ageing Workforce". Vortrag zum Learntec Pressetag „Ageing Workforce" am 18.10.2006 im Literaturhaus in Frankfurt/Main. Online unter: http://www.learntec.de/cgi-bin/x-mkp/download.pl?file=/infos/122-1163059451.pdf (Abruf am 23.01.2008).

Mittelmann, Angelika/Schatzl, Gerhard (2006): Die Wissensstafette als probates Mittel zum Wissenstransfer. In: Pircher, Richard (Hrsg.): Wissen wirkt : Die praktische Umsetzung von Wissensmanagement in kleinen, mittleren und großen Organisationen aus Österreich, Deutschland, Schweiz. Krems, S. 98-112. Online zu beziehen unter: http://www.donau-uni.ac.at/de/department/wissenkommunikation/forschung /projekte/id/06728/index.php (Abruf: 15.01.2008).

Neuweg, Georg Hans (1999): Könnerschaft und implizites Wissen : zur lehr-lerntheoretischen Bedeutung der Erkenntnis- und Wissenstheorie Michael Polanyis. Münster u.a.

Nieder, Peter (1999): Fehlzeiten- und Fluktuationsrisiken: Erfassung, Bewegung, Abbau. In: Ackermann, Karl-Friedrich (Hrsg.): Risikomanagement im Personalbereich : Reaktionen auf die Anforderungen des KonTraG. Wiesbaden, S. 133-152.

Nonaka, Ikujiro/Takeuchi, Hirotaka (1995): The Knowledge-Creating Company: How Japanese Companies Create the Dynamics of Innovation. New York u.a.

Nonaka, Ikujiro/Takeuchi, Hirotaka (1997): Die Organisation des Wissens : wie japanische Unternehmen eine brachliegende Ressource nutzbar machen. Frankfrt/Main u.a.

North, Klaus (1998): Wissensorientierte Unternehmensführung : Wertschöpfung durch Wissen. Wiesbaden.

North, Klaus (2002): Wissensorientierte Unternehmensführung : Wertschöpfung durch Wissen. 3., aktualisierte und erweiterte Auflage, Wiesbaden.

North, Klaus (2007): Das Alter - Eine Frage der Definition. In: wissensmanagement - Das Magazin für Führungskräfte, 9. Jahrgang, Heft 1, S. 18-20.

North, Klaus (2008): Wissen - Können - Handeln: Was erfolgreiche Teams auszeichnet. In: wissensmanagement - Das Magazin für Führungskräfte, 10. Jahrgang, Heft 1, S. 10-12.

OECD/Prinz, Christopher (2005): Alterung und Beschäftigungspolitik : Deutschland. Paris.

Pawlowsky, Peter/Gerlach, Lutz/Hauptmann, Stefan/Puggel, Annett (2006): Wissen als Wettbewerbsvorteil in kleinen und mittelständischen Unternehmen – Empirische Typologisierungen auf Grundlage einer bundesweiten Befragung. Online unter: http://www.tu-chemnitz.de/wirtschaft/bwl6/prints/fokus_prints_09-06.pdf (Abruf: 14.07.2008).

Peters, Isabella/Stock, Wolfgang G. (2007): Web 2.0 im Unternehmen. In: wissensmanagement - Das Magazin für Führungskräfte, 9. Jahrgang, Heft 4, S. 22-25.

Pichler, Martin (2007): Erfahrungen weitergeben. In: wirtschaft + weiterbildung, 20. Jahrgang, Heft 11/12, S. 18-23.

Picot, Arnold/Neuburger, Rahild (2008): Wissen und Wandel als Herausforderungen für den Berater. In: Ballwieser, Wolfgang/Grewe, Wolfgang (Hrsg.): Wirtschaftsprüfung im Wandel : Herausforderungen an Wirtschaftsprüfung, Steuerberatung, Consulting und Corporate Finance. München, S. 715-732.

Polanyi, Michael (1958): Personal Knowledge : Towards a Post-Critical Philosophy. London.

Polanyi, Michael (1966): The tacit dimension. Garden City.

Polanyi, Michael (1985): Implizites Wissen. Frankfurt/Main.

Porath, Gundrun (2008): Kollegen über die Schulter blicken. In: wirtschaft + weiterbildung, 21. Jahrgang, Heft 2, S. 34-35.

Prange, Christiane (2002): Organisationales Lernen und Wissensmanagement : Fallbeispiele aus der Unternehmenspraxis. Wiesbaden.

Probst, Gilbert/Raub, Steffen/Romhardt, Kai (2006): Wissen managen : Wie Unternehmen ihre wertvollste Ressource optimal nutzen. 5., überarbeitete Auflage, Wiesbaden.

Rehäuser, Jakob/Krcmar, Helmut (1996): Wissensmanagement im Unternehmen. In: Schreyögg, Georg/Conrad, Peter (Hrsg.): Managementforschung 6: Wissensmanagement. Berlin u.a., S. 1-40.

Renzl, Birgit (2003): Wissensbasierte Interaktion : Selbst-evolvierende Wissensströme in Unternehmen. Wiesbaden.

Romhardt, Kai (1998): Die Organisation aus der Wissensperspektive : Möglichkeiten und Grenzen der Intervention. Wiesbaden.

Rüdiger, Mathias/Vanini, Sven (1998): Das Tacit knowledge-Phänomen und seine Implikationen für das Innovationsmanagement. In: Die Betriebswirtschaft, 58. Jahrgang, Heft 4, S. 467-480.

Schanz, Günther (2006): Implizites Wissen : Phänomen und Erfolgsfaktor : Neurobiologische und soziokulturelle Grundlagen : Möglichkeiten problembewussten Gestaltens. München u.a.

Schein, Edgar H. (1995): Unternehmenskultur: ein Handbuch für Führungskräfte. Frankfurt/Main u.a.

Schenkel, Olaf (2008): Versteckte Kosten : Mitarbeiterfluktuation: Wechsel von Leistungsträgern nicht provozieren. In: WirtschaftsForum : Unternehmermagazin für die Region FrankfurtRheinMain, ohne Jahrgang, Heft 1, S. 20-21.

Schindler, Martin (2000): Wissensmanagement in der Projektabwicklung : Grundlagen, Determinanten und Gestaltungskonzepte eines ganzheitlichen Projektwissensmanagements. Scheßlitz.

Schmidt, Viviane (2004): Diversity Dimension Alter : der demographische Wandel als Erfolgsfaktor für das Personalmanagement. Düsseldorf.

Schnalzer, Kathrin/Wesoly, Michael (2005): Ergebnisse zu aktuellen Entwicklungen und Trends im Wissensmanagement. In: Fraunhofer-Wissensmanagement Community (Hrsg.): Wissen und Information 2005. Stuttgart, S. 21-32.

Schneider, Ursula (1996): Management in der wissensbasierten Unternehmung. Das Wissensnetz in und zwischen Unternehmen knüpfen. In: Schneider, Ursula (Hrsg.): Wissensmanagement : die Aktivierung des intellektuellen Kapitals. Frankfurt/Main, S. 13-48.

Schreiber, Daniel/Becker, Wolfgang (2007): Zahlen, Daten, Fakten: Wissensmanagement im Controlling. In: wissensmanagement - Das Magazin für Führungskräfte, 9. Jahrgang, Heft 8, S. 16-17.

Schüppel, Jürgen (1996): Wissensmanagement : Organisatorisches Lernen im Spannungsfeld von Wissens- und Lernbarrieren. Wiesbaden.

Schütt, Peter (2000): Wissensmanagement : Mehrwert durch Wissen : Nutzenpotentiale ermitteln : Den Wissenstransfer organisieren. Niedernhausen/Ts.

Schütt, Peter (2002): Wissensmanagement - was ist das eigentlich. In: wissensmanagement - Das Magazin für Führungskräfte, 4. Jahrgang, Heft 1, S. 50-52.

Schütt, Peter (2008a): Wissensmanagement von 1990 bis 2003 - die Zeit der Irrwege. In: wissensmanagement - Das Magazin für Führungskräfte, 10. Jahrgang, Heft 2, S. 32-34.

Schütt, Peter (2008b): Reputation - die neue Währung des Wissensmanagements. In: wissensmanagement - Das Magazin für Führungskräfte, 10. Jahrgang, Heft 5, S. 10-12.

Schwaninger, Markus (2000): Implizites Wissen und Managementlehre : Organisationskybernetische Sicht. Online unter: http://www.ifb.unisg.ch/org/ifb/ifbweb.nsf/Sys WebRessources/beitrag41/$FILE/DB41_ImplizitesWissen_def.pdf (Abruf: 09.05.2008).

Seren, Paul/Dückert, Simon (2006): Die Methode Expert Debriefing - Wissenssicherung bei ausscheidenden Mitarbeitern eingebettet in das Konzept der Lernenden Organisation. In: Gronau, Norbert u.a. (Hrsg.): Mit Wissensmanagement besser im Wettbewerb! Tagungsband zur KnowTech 2006 : 8. Konferenz zum Einsatz von Wissensmanagement in Wirtschaft und Verwaltung. München, S. 247-256. Auch online unter: http://www.cogneon.de/Download/COGNEON-Paper_-_Schaeffler-Lernende-Organisation_-_Knowtech-2006.pdf (Abruf: 05.06.2008).

Simon, Hermann (2007): Hidden Champions des 21. Jahrhunderts : die Erfolgsstrategien unbekannter Weltmarktführer. Frankfurt/Main u.a.

Simon, Hermann (2008): Hidden Champions folgen dem gesunden Menschenverstand. In: VDI Nachrichten, 61. Jahrgang, Nr. 22, 30.05.2008, S. 2.

Smits, Peter (2007): Demografischer Wandel - Programm „Generations". Präsentation zur Pressekonferenz am 01.02.2007 in Frankfurt/Main. Online unter: http://www02.abb.com/global/deabb/deabb204.nsf/0/72fbf99a1d4059d6c1257274004bd1a9/$file/Praesentation+Smits.pdf (Abruf: 09.08.2008).

Snowden, David (2002): Complex acts of knowing: paradox and descriptive self-awareness. In: Journal of Knowledge Management, Vol. 6, No. 2, S. 100-111.

Statistisches Bundesamt (2006): 11. Koordinierte Bevölkerungs-Vorausberechnung : Annahmen und Ergebnisse. Online unter: https://www-ec.destatis.de/csp/shop/sfg/vollanzeige.csp?ID=1019439 (Abruf: 05.08.2008).

Staudinger, Ursula M./Kühler, Larissa (2006): Das Ende der geistigen Frührente. In: Personalwirtschaft, 33. Jahrgang, Heft 2, S. 10-27.

Sveiby, Karl Erik (1998): Wissenskapital - das unentdeckte Vermögen : immaterielle Unternehmenswerte aufspüren, messen und steigern. Landsberg/Lech.

Szulanski, Gabriel (1996): Exploring internal Stickiness: Impediments to the Transfer of Best Practice Within the Firm. In: Strategic Management Journal, Vol. 17, Special Issue Winter, S. 27-43.

Von Krogh, Georg/Roos, Johan (1996): Five claims on knowing. In: European Management Journal, Vol. 14, No. 4, S. 423-426.

Von Krogh, Georg/Venzin, Markus (1995): Anhaltende Wettbewerbsvorteile durch Wissensmanagement. In: Die Unternehmung, 49. Jahrgang, Heft 6, S. 417-436.

Wächter, Hartmut/Bernhard, Kerstin (2006): Sicherung des Betriebswissens und Verbesserung des Wissenstransfers beim Ausscheiden älterer Arbeitnehmer am Beispiel der KSB AG. In: Wächter, Hartmut/Dorothee, Sallet (Hrsg.): Personalpolitik bei alternder Belegschaft. München u.a., S. 93-123.

Wahren, Heinz-Kurt E. (1996): Das lernende Unternehmen : Theorie und Praxis des organisationalen Lernens. Berlin u.a.

Wenger, Etienne/Snyder, William (2000): Communities of Practice: The New Organizational Frontier. In: Harvard Business Review, Vol. 78, No. 1, S. 139-146.

Wesoly, Michael/Schnalzer, Kathrin (2005): Hintergrund der Studie. In: Fraunhofer-Wissensmanagement Community (Hrsg.): Wissen und Information 2005. Stuttgart, S. 7-20.

Wiig, Karl (1997): Integrating intellectual capital and knowledge management. In: Long Range Planning, Vol. 30, No. 3, S. 399-405.

Willke, Helmut (2001): Systemisches Wissensmanagement. 2. Auflage, Stuttgart.

Anhang

Anhang 1: Fragebogen

Allgemeine Fragen zu Ihrem Unternehmen (Seite 2 von 7)

1.	Wie viele Mitarbeiter sind in Ihrem Unternehmen beschäftigt?
	◯ 1 - 9 ◯ 10 - 49 ◯ 50 - 249 ◯ 250 - 499 ◯ 500 und mehr ◯ Keine Angabe

2.	Wie hoch war der erzielte Umsatzerlös Ihres Unternehmens im letzten Geschäftsjahr (in Euro)?
	◯ 0 - 2 Millionen ◯ 2,1 – 10 Millionen ◯ 10,1 - 50 Millionen ◯ 50,1 Millionen und mehr ◯ Keine Angabe

3.	In welcher Branche ist Ihr Unternehmen tätig?
	○ Bau ○ Energie ○ Finanzdienstleistungen ○ Kommunikationstechnologie ○ Medien ○ Öffentliche Verwaltung ○ Unternehmensberatung ○ Andere: ____
	○ Chemie / Pharma ○ Fahrzeugbau ○ Forschungseinrichtung / Universität ○ Maschinen- und Anlagenbau ○ Nahrungsmittel ○ Transport / Logistik ○ Keine Angabe

4.	Welche Rechtsform hat Ihr Unternehmen?
	○ Aktiengesellschaft ○ Familienunternehmen ○ GmbH ○ Verein ○ Keine Angabe ○ Andere: ____

5.	Welche/s Produkt/Dienstleistung verkauft Ihr Unternehmen?
	○ Dienstleistung ○ Industriegut ○ Konsumgut ○ Keine Angabe ○ Andere: ____

Demografischer Wandel & Fluktuation (Seite 3 von 7)

6.	Zum Demografischen Wandel

	ja	ist in Planung	eher nicht	nein	keine Angabe
Wissen Sie, wie viele Ihrer Mitarbeiter in den nächsten Jahren in Rente gehen?	○	○	○	○	○
Hat sich Ihr Unternehmen schon damit befasst, wie das Wissen der bald in Rente gehenden Mitarbeiter im Unternehmen behalten werden kann?	○	○	○	○	○

7.	Wie hoch ist das Durchschnittsalter Ihrer Mitarbeiter (in Jahren)?
	-

8.	Wie hoch ist die Fluktuationsrate in Ihrem Unternehmen in Prozent ODER als relative Angabe? [Fluktuationsrate = (Abgänge / durchschnittlicher Personalbestand) * 100 %]
	○ 0 - 5 % ○ 5,1 - 10 % ○ 10,1 - 15 % ○ 15,1 - 20 % ○ 20,1 % und höher ○ Niedrig ○ Normal ○ Hoch ○ Sehr hoch ○ Keine Angabe

9.	Glauben Sie, dass in Ihrem Unternehmen durch Fluktuation Wissen verloren geht?
	○ Ja ○ Zum Teil ○ Geringfügig ○ Nein ○ Keine Angabe

10.	Durch welche Fluktuation geht Ihrem Unternehmen Ihrer Meinung nach am meisten Wissen verloren? *Zwei Nennungen möglich.*
	☐ Expatriates (an Auslandsniederlassungen gesandte Fachkräfte) ☐ Kündigung von Arbeitnehmerseite ☐ Kündigung von Unternehmensseite ☐ Mutterschaft ☐ Outsourcing ☐ Pensionierung ☐ Keine Wissensverluste durch Fluktuation ☐ Keine Angabe ☐ Andere:

11.	Wenn Ihrem Unternehmen durch Mitarbeiter-Fluktuation Kosten entstehen, wie würden Sie diese einstufen (auf einer Vierer-Skala von "gering" bis "hoch")?					
		gering			hoch	keine Angabe
	Zeitkosten (z.B. durch Einarbeitung)	○	○	○	○	○
	Finanzielle Kosten (z.B. Schulungen, Einbußen, Wissensbeschaffung)	○	○	○	○	○

12.	In wie viel Prozent der Fälle lernt der Nachfolger den Vorgänger in Ihrem Unternehmen kennen? Schätzen sie.
	-

Wissensmanagement (Seite 4 von 7)

13.	Wie stark ist Wissensmanagement In Ihrem Unternehmen präsent (auf einer Vierer-Skala von "stark" bis "gar nicht")?					
		stark			gar nicht	keine Angabe
		○	○	○	○	○

14. In welchen Bereichen des Wissensmanagement ist Ihr Unternehmen aktiv?
Mehrfachnennung möglich.

- ☐ Best Practice
- ☐ Communities of Practice / Netzwerke
- ☐ Datenbank- und Dokumentationsmanagement
- ☐ Expertensysteme
- ☐ Lessons Learned
- ☐ Social Software (z.B. Wikis, Weblogs)
- ☐ Wissenslandkarten
- ☐ Keine der genannten Optionen
- ☐ Keine Angabe
- ☐ Andere: ______

Implizites Wissen (Seite 5 von 7)

Implizites Wissen ist jenes Wissen, das auf Erfahrungen und Fähigkeiten beruht und oft auch als Expertenwissen und Know-how bekannt ist. Es ist schwer artikulierbar und kann meist nur durch Zeigen erklärt werden.

15.	Welches implizite Wissen Ihrer Mitarbeiter würden Sie als relevant für den Erfolg Ihres Unternehmens betrachten (auf einer Vierer-Skala von "sehr wichtig" bis "nicht wichtig")?

	sehr wichtig			nicht wichtig	keine Angabe
Bauchgefühl und Intuition	○	○	○	○	○
Erfahrungswissen	○	○	○	○	○
Kundenrelevantes Wissen	○	○	○	○	○
Netzwerke	○	○	○	○	○
Produktwissen	○	○	○	○	○
Wissen über interne Abläufe	○	○	○	○	○

16.	Sind in Ihrem Unternehmen die schwer ersetzbaren Mitarbeiter mit erfolgskritischem Expertenwissen bekannt?

○ Ja
○ Mehr oder weniger
○ Bedingt
○ Nein
○ Keine Angabe

17.	Hat das Ausscheiden eines schwer ersetzbaren Mitarbeiters schon einmal negative Auswirkungen auf das Unternehmen gehabt? Wenn ja, welche? *Mehrfachnennung möglich.*

☐ Bis jetzt keine Auswirkungen
☐ Gleiche Fehler werden wieder gemacht
☐ Innovationsfähigkeit verloren
☐ Kunden verloren
☐ Kundenbeziehungen verschlechtert
☐ Längere Durchlaufzeiten
☐ Qualitätseinbußen
☐ Unzufriedene Mitarbeiter
☐ Keine Angabe
☐ Andere: ______

18. Was sind Ihrer Meinung nach die wichtigsten Vorraussetzungen für erfolgreichen Transfer von implizitem Wissen?
Bis zu sechs Nennungen möglich.

- ☐ Anreize (intrinsisch und extrinsisch)
- ☐ Druck
- ☐ Identifikation mit dem Unternehmen
- ☐ Klare Ziele
- ☐ Motivation und Qualifikation der Mitarbeiter
- ☐ Training
- ☐ Vertrauen
- ☐ Vorleben durch Top-Management
- ☐ Andere:
- ☐ Bereitschaft aller Beteiligten
- ☐ Gute menschliche Beziehungen
- ☐ IT, Hardware und Software
- ☐ Kommunikationsfähigkeit der Mitarbeiter
- ☐ Struktur
- ☐ Unternehmenskultur
- ☐ Vielfalt/Diversität
- ☐ Keine Angabe

19. Findet in Ihrem Unternehmen Transfer von implizitem Wissen statt?

	ja, aber zufällig	ja, gestützt auf Methoden	kaum	nein	keine Angabe
Konstant	○	○	○	○	○
Gezielt bei ausscheidenden Mitarbeitern	○	○	○	○	○

20. Welche Methoden werden bei Ihnen für den Transfer von implizitem Wissen genutzt bzw. fördern diesen?
Mehrfachnennung möglich.

- ☐ Communities of Practice
- ☐ Gemischte Teams
- ☐ Interne Diskussionsrunden und Meetings
- ☐ Kaffee-Ecken
- ☐ Netzwerke
- ☐ IT / Software (Datenbanken, Internet etc.)
- ☐ Sportclubs
- ☐ Weiterbildungsmöglichkeiten
- ☐ Andere:
- ☐ Expertengruppen
- ☐ Informelle Gespräche und Treffen
- ☐ Job-Rotation
- ☐ Mentoring / Coaching
- ☐ Raum-Management (z.B. offene Türen)
- ☐ Soziale Events (z.B. Firmenausflüge)
- ☐ Meister-Lehrling-Prinzip
- ☐ Keine Angabe

21.	Was ist Ihrer Meinung nach die größte Herausforderung beim Transfer von implizitem Wissen? *Mehrfachnennung möglich.*

- ☐ Fehlende Messbarkeit
- ☐ Fehlende Methoden
- ☐ Implizites Wissen nicht bekannt
- ☐ Keine austauschfördernde Unternehmenskultur
- ☐ Wissen = Macht
- ☐ Zeitaufwand sehr hoch
- ☐ Keine Angabe
- ☐ Andere: ______

Transfer von implizitem Wissen bei ausscheidenden Mitarbeitern (Seite 7 von 7)

22.	Wer sollten Ihrer Meinung nach die Promotoren für den Transfer von implizitem Wissen <u>bei ausscheidenden Mitarbeitern</u> sein (auf einer Vierer-Skala von "verantwortlich" bis "nicht verantwortlich")?

	verantwortlich			nicht verantwortlich	keine Angabe
Abteilungs-/ Teamleiter	○	○	○	○	○
Ausscheidender Wissensinhaber	○	○	○	○	○
Geschäftsführung / Vorstand	○	○	○	○	○
Nachfolger	○	○	○	○	○
Personalleiter	○	○	○	○	○

23.	Welche Transfer-Methoden von implizitem Wissen wurden in Ihrem Unternehmen <u>bei ausscheidenden Mitarbeitern</u> schon genutzt? *Mehrfachnennung möglich.*

- ☐ Alumni-Netzwerk
- ☐ Interviews
- ☐ Job-Rotation
- ☐ Mentoring / Coaching
- ☐ Nachfolger kommt aus der gleichen Abteilung / dem Unternehmen
- ☐ Phasenweiser Übergang in den Ruhestand
- ☐ Planung von kontinuierlichem Übergabeprozess
- ☐ Rollenspiele / Simulationen
- ☐ Storytelling
- ☐ Übergabeprotokoll
- ☐ Videos
- ☐ Vorträge
- ☐ Bisher wurde noch nichts unternommen
- ☐ Keine Angabe
- ☐ Andere: ______

24.	Wie oft standen Ihrem Unternehmen folgende Probleme beim Transfer von implizitem Wissen bei ausscheidenden Mitarbeitern schon im Weg (auf einer Vierer-Skala von "immer" bis "gar nicht")?

	immer			gar nicht	keine Angabe
Bedeutung und Wichtigkeit nicht bewusst	○	○	○	○	○
Desinteresse vom ausscheidenden Mitarbeiter	○	○	○	○	○
Desinteresse vom Nachfolger	○	○	○	○	○
Fehlende Kommunikationsfähigkeit des Wissensträgers	○	○	○	○	○
Fehlende Zeit	○	○	○	○	○
Keine Methoden / Tools vorhanden	○	○	○	○	○
Nachfolgeregelung noch nicht geklärt	○	○	○	○	○
Nachfolger kann Wissen nicht aufnehmen	○	○	○	○	○

25.	Wie lange braucht Ihrer Meinung nach der Nachfolger eines ausscheidenden Mitarbeiters, sich das Experten-Wissen seines Vorgängers anzueignen?

	bis zu einem halbem Jahr	bis zu ein Jahr	bis zu 5 Jahre	das Berufsleben lang	keine Angabe
	○	○	○	○	○

26.	Sollte der Transfer von implizitem Wissen ihrer Meinung nach konstant geschehen oder kurz vor dem Ausscheiden des Mitarbeiters?

	konstant	eher konstant als am Ende	eher am Ende als konstant	am Ende	keine Angabe
	○	○	○	○	○

27.	Ich bedanke mich recht herzlich für Ihre Unterstützung. Wenn Sie Interesse an den Ergebnissen der Befragung haben, hinterlassen Sie mir im Textfeld einfach Ihre Kontaktdaten oder schicken Sie mir eine E-Mail an michael.jantzen@web.de. Genauso freue ich mich über Anmerkungen zu der Befragung. Bitte beachten Sie, dass alle Ihre Daten erst gespeichert werden, wenn Sie auf den Abschicken-Button klicken. Mit freundlichen Grüßen Michael Jantzen

Vielen Dank für Ihre Teilnahme an meiner Befragung.

Anhang 2: Ergebnisse der Befragung

Frage 1: Wie viele Mitarbeiter sind in Ihrem Unternehmen beschäftigt?

Frage 2: Wie hoch war der erzielte Umsatzerlös Ihres Unternehmens im letzten Geschäftsjahr (in Euro)?

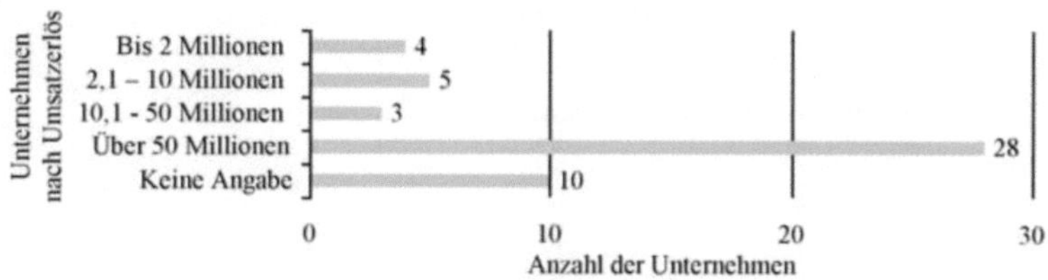

Frage 3: In welcher Branche ist Ihr Unternehmen tätig?

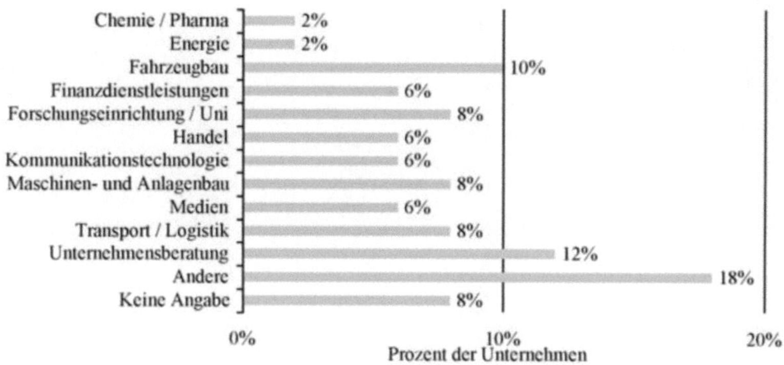

Frage 4: Welche Rechtsform hat Ihr Unternehmen?

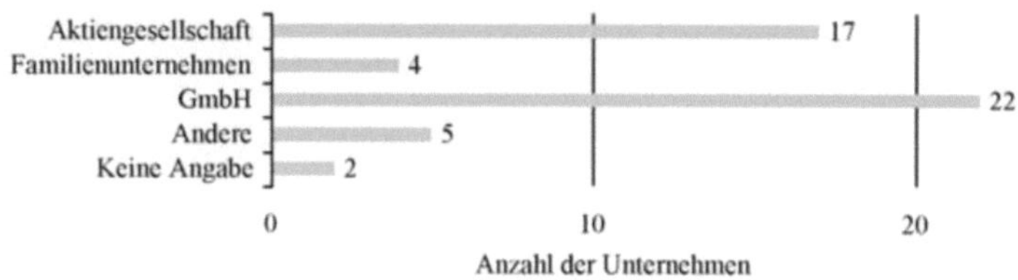

Frage 5: Welche/s Produkt/Dienstleistung verkauft Ihr Unternehmen?

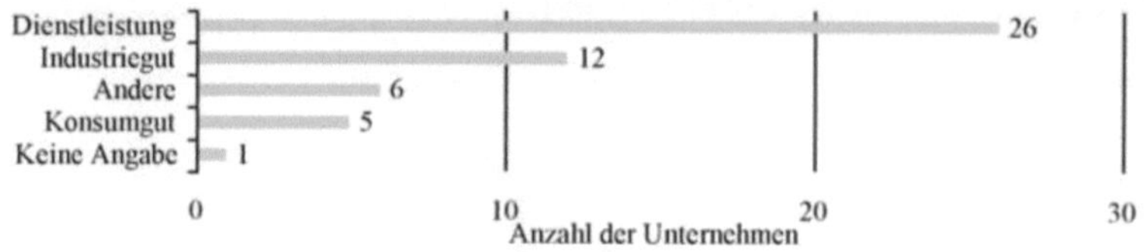

Frage 6: Bezüglich des demografischen Wandels

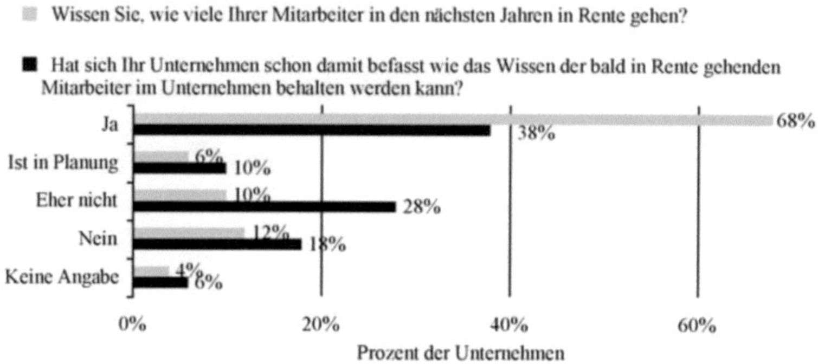

Frage 7: Wie hoch ist das Durchschnittsalter Ihrer Mitarbeiter (in Jahren)?

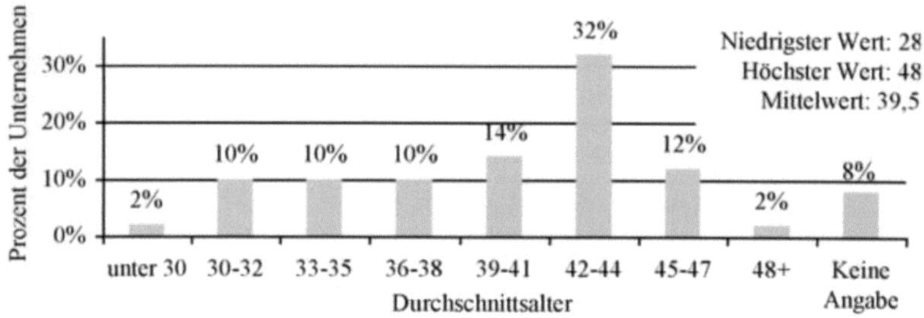

Frage 8: Wie hoch ist die Fluktuationsrate in Ihrem Unternehmen in Prozent ODER als relative Angabe? [Fluktuationsrate = (Abgänge / durchschnittlicher Personalbestand) * 100 %]

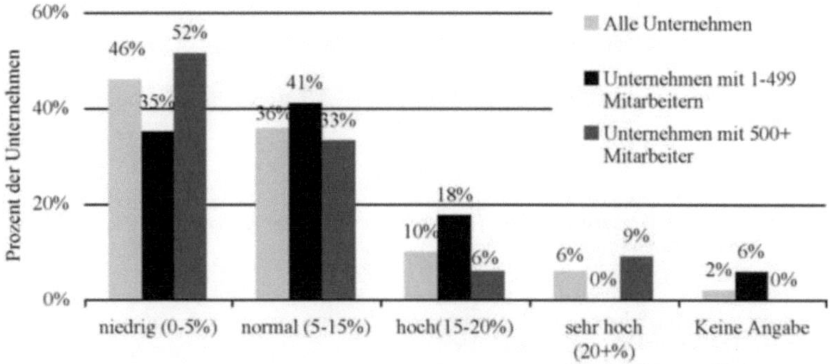

Frage 9: Glauben Sie, dass in Ihrem Unternehmen durch Fluktuation Wissen verloren geht?

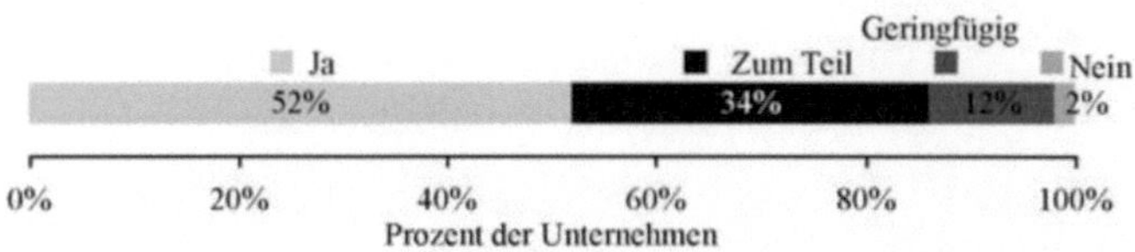

Frage 10: Durch welche Fluktuation geht Ihrem Unternehmen Ihrer Meinung nach am meisten Wissen verloren?

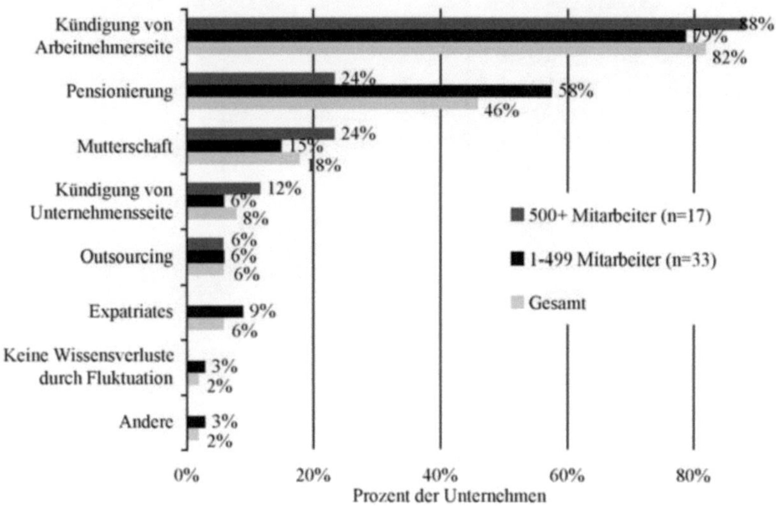

Frage 11: Wenn Ihrem Unternehmen durch Mitarbeiter-Fluktuation Kosten entstehen, wie würden Sie diese einstufen (auf einer Vierer-Skala von "gering" bis "hoch")?

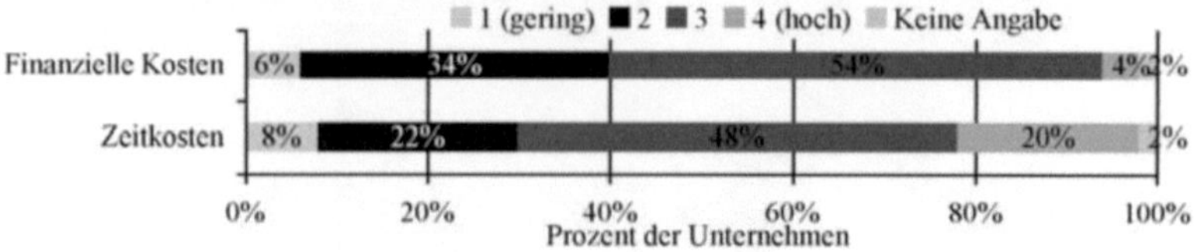

Frage 12: In wie viel Prozent der Fälle lernt der Nachfolger den Vorgänger in Ihrem Unternehmen kennen? Schätzen sie.

Mittelwert Gesamt : 49,2 Prozent
Mittelwert 1-499 Mitarbeiter : 35,3 Prozent
Mittelwert 500+ Mitarbeiter : 56,2 Prozent
Mittelwert Unternehmensberatung : 47,5 Prozent

Frage 13: Wie stark ist Wissensmanagement In Ihrem Unternehmen präsent (auf einer Vierer-Skala von "stark" bis "gar nicht")?

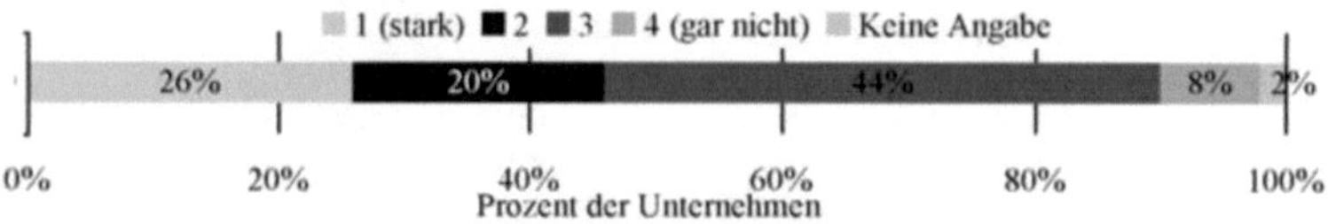

Frage 14: In welchen Bereichen des Wissensmanagements ist Ihr Unternehmen aktiv?

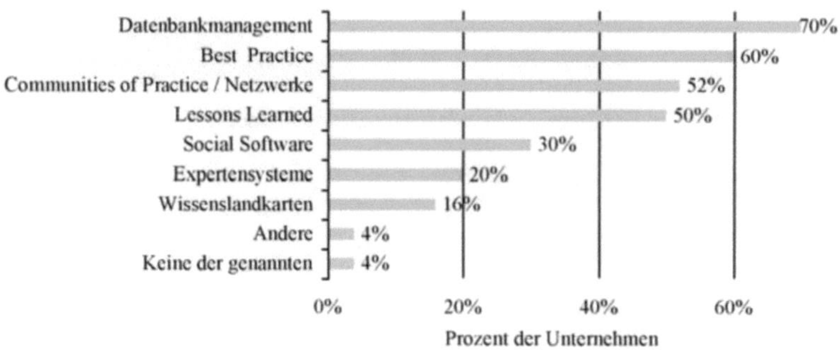

Frage 15: Welches implizite Wissen Ihrer Mitarbeiter würden Sie als relevant für den Erfolg Ihres Unternehmens betrachten (auf einer Vierer-Skala von "sehr wichtig" bis "nicht wichtig")?

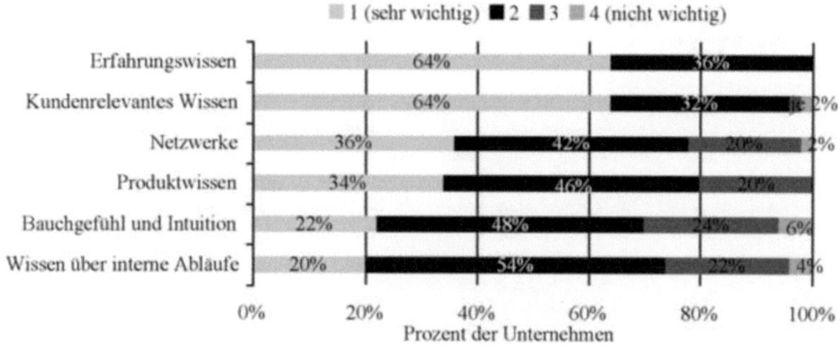

Darstellung der Mittelwerte

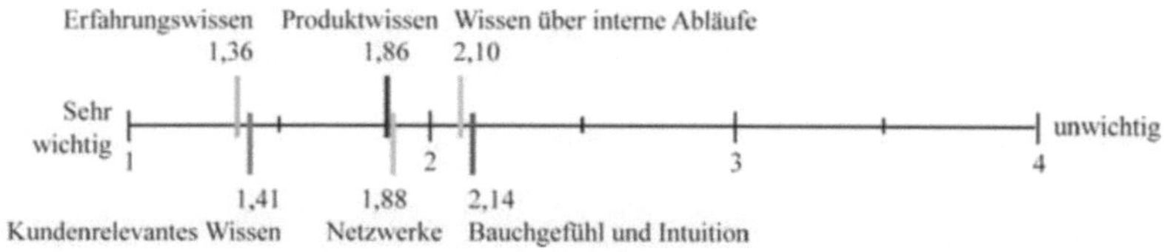

Frage 16: Sind in Ihrem Unternehmen die schwer ersetzbaren Mitarbeiter mit erfolgskritischem Expertenwissen bekannt?

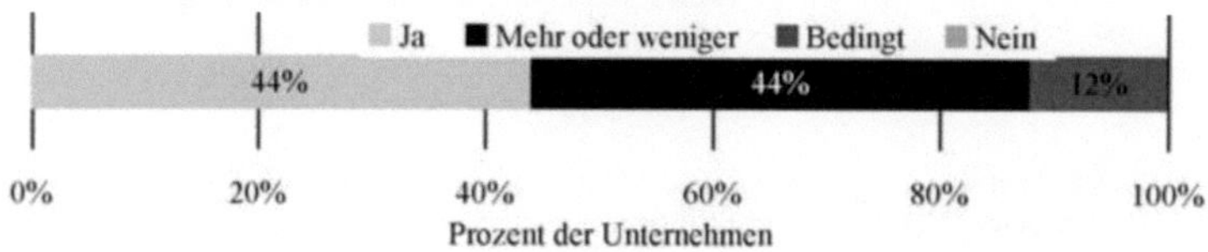

Frage 17: Hat das Ausscheiden eines schwer ersetzbaren Mitarbeiters schon einmal negative Auswirkungen auf das Unternehmen gehabt? Wenn ja, welche? Mehrfachnennung möglich.

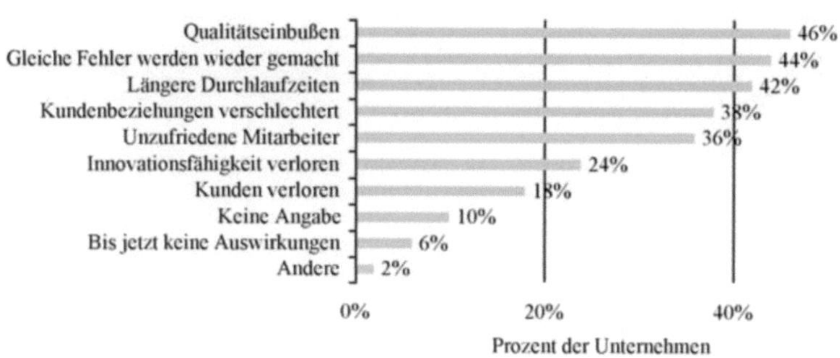

Frage 18: Was sind Ihrer Meinung nach die wichtigsten Voraussetzungen für erfolgreichen Transfer von implizitem Wissen? Bis zu sechs Nennungen möglich.

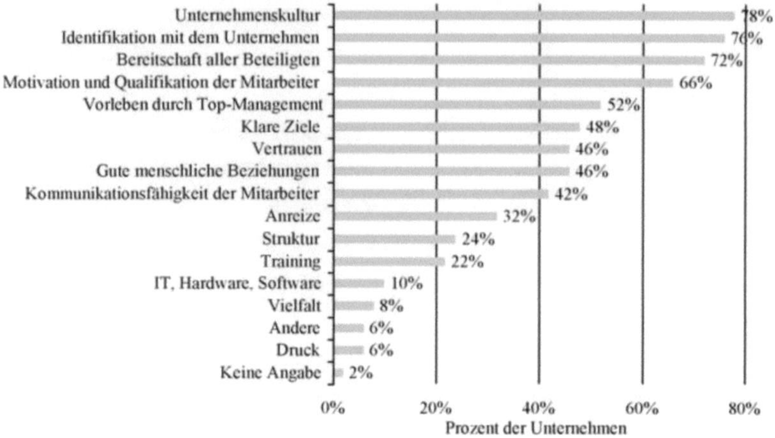

Frage 19: Findet in Ihrem Unternehmen Transfer von implizitem Wissen statt?

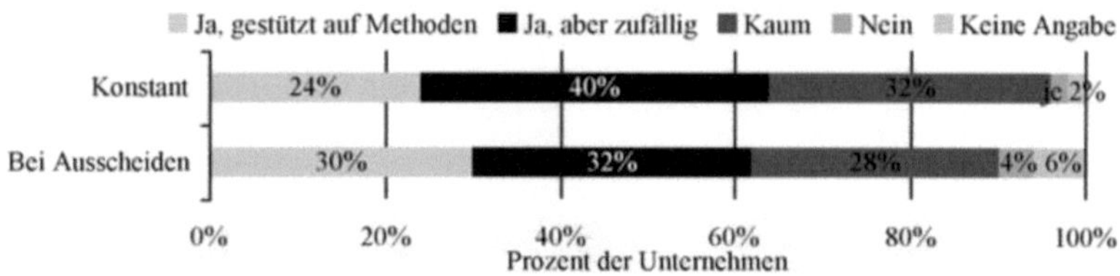

Frage 20: Welche Methoden werden bei Ihnen für den Transfer von implizitem Wissen genutzt bzw. fördern diesen? Mehrfachnennung möglich.

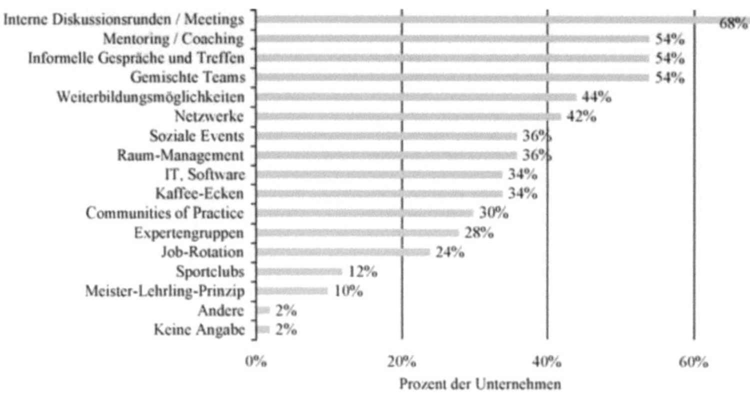

Frage 21: Was ist Ihrer Meinung nach die größte Herausforderung beim Transfer von implizitem Wissen? Mehrfachnennung möglich.

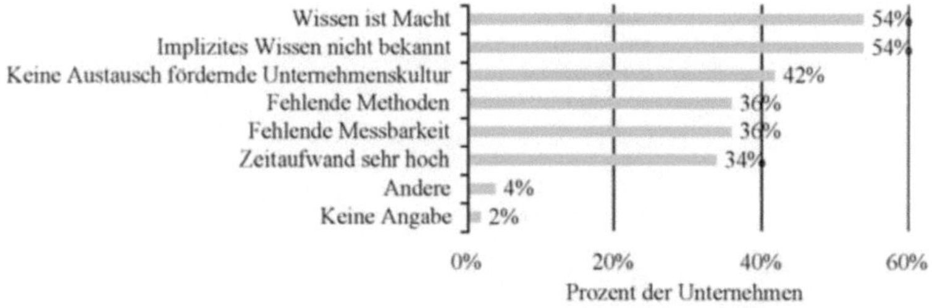

Frage 22: Wer sollten Ihrer Meinung nach die Promotoren für den Transfer von implizitem Wissen bei ausscheidenden Mitarbeitern sein (auf einer Vierer-Skala von "verantwortlich" bis "nicht verantwortlich")?

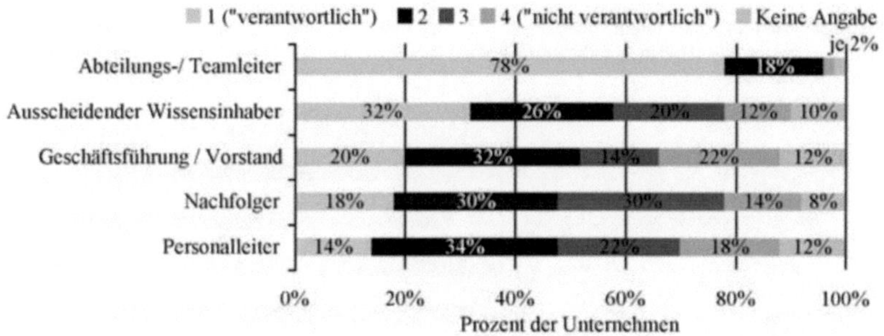

Darstellung der Mittelwerte

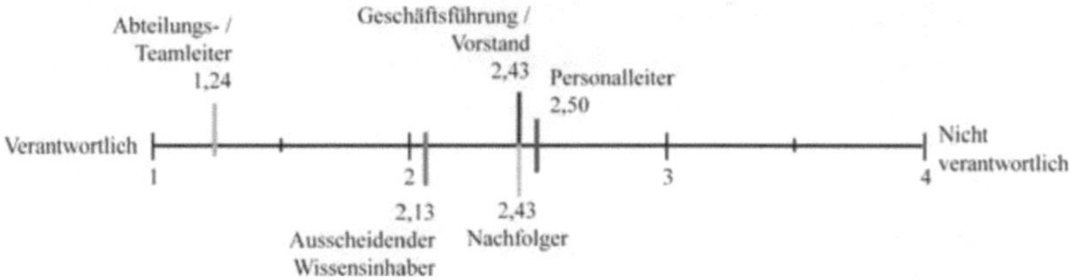

Frage 23: Welche Transfer-Methoden von implizitem Wissen wurden in Ihrem Unternehmen bei ausscheidenden Mitarbeitern schon genutzt? Mehrfachnennung möglich.

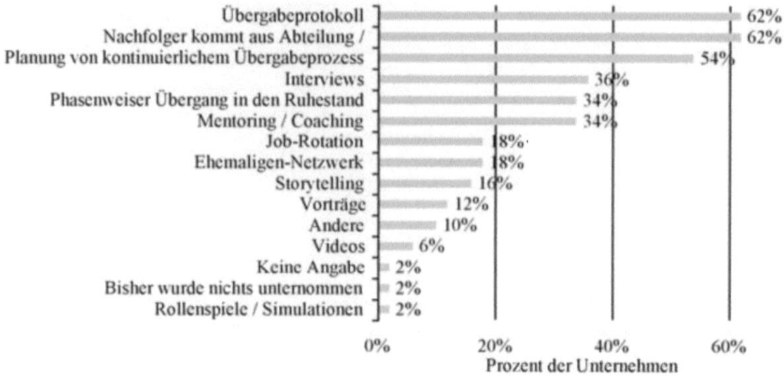

Frage 24: Wie oft standen Ihrem Unternehmen folgende Probleme beim Transfer von implizitem Wissen bei ausscheidenden Mitarbeitern schon im Weg (auf einer Vierer-Skala von "immer" bis "gar nicht")?

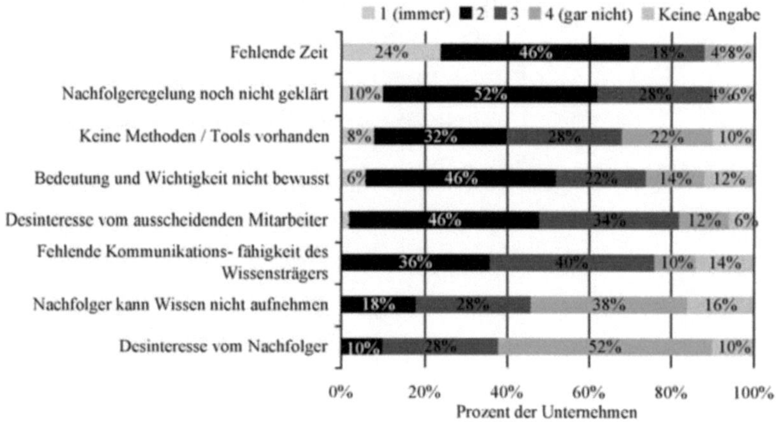

Darstellung der Mittelwerte

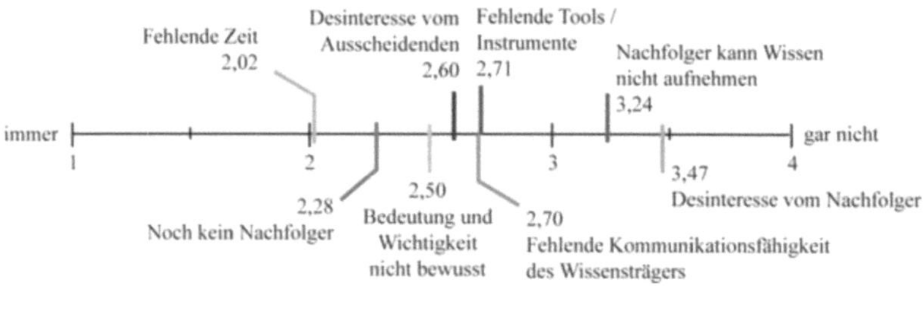

Frage 25: Wie lange braucht Ihrer Meinung nach der Nachfolger eines ausscheidenden Mitarbeiters, sich das Experten-Wissen seines Vorgängers anzueignen?

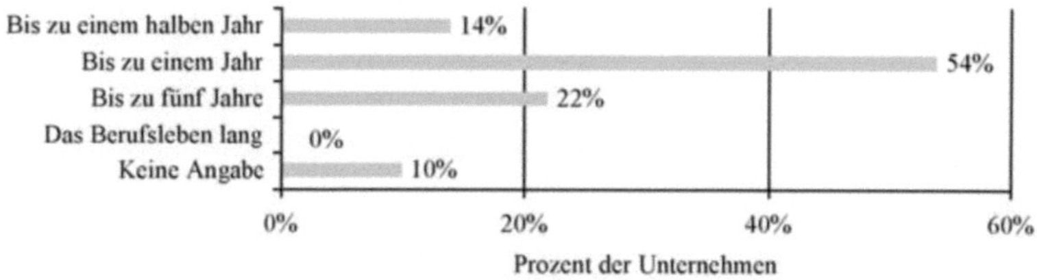

Frage 26: Sollte der Transfer von implizitem Wissen ihrer Meinung nach konstant geschehen oder kurz vor dem Ausscheiden des Mitarbeiters?

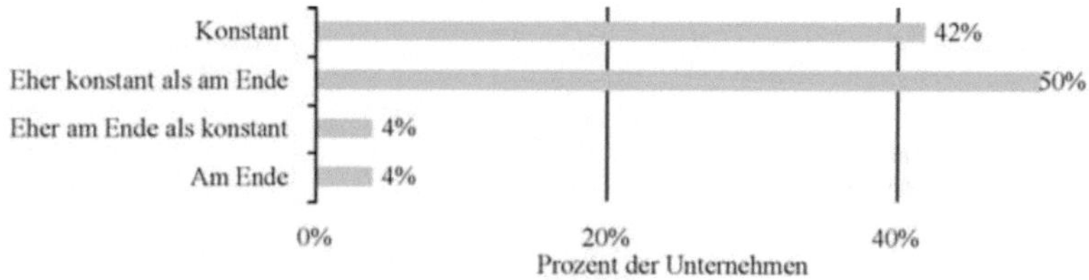